QIMIAO DE KUNCHONG SHIJIE

奇妙的昆虫世界

本书编写组◎编

世界图书出版公司
广州·北京·上海·西安

图书在版编目（CIP）数据

奇妙的昆虫世界 /《奇妙的昆虫世界》编写组编著
. —广州：广东世界图书出版公司，2010.1（2024.2 重印）
ISBN 978－7－5100－1565－6

Ⅰ. ①奇…　Ⅱ. ①奇…　Ⅲ. ①昆虫－青少年读物
Ⅳ. ①Q96－49

中国版本图书馆 CIP 数据核字（2010）第 010068 号

书　　名　奇妙的昆虫世界
　　　　　QIMIAO DE KUNCHONG SHIJIE
编　　者　《奇妙的昆虫世界》编写组
责任编辑　张梦婕
装帧设计　三棵树设计工作组
出版发行　世界图书出版有限公司　世界图书出版广东有限公司
地　　址　广州市海珠区新港西路大江冲 25 号
邮　　编　510300
电　　话　020-84452179
网　　址　http://www.gdst.com.cn
邮　　箱　wpc_gdst@163.com
经　　销　新华书店
印　　刷　唐山富达印务有限公司
开　　本　787mm×1092mm　1/16
印　　张　10
字　　数　120 千字
版　　次　2010 年 1 月第 1 版　2024 年 2 月第 11 次印刷
国际书号　ISBN　978-7-5100-1565-6
定　　价　48.00 元

前 言
PREFACE

千姿百态的昆虫，是地球上最古老的动物之一，出现于三亿五千万年前的泥盆纪，至今已发展为种类最多的动物，全世界估计有一千万种之多，中国的昆虫也在百万种左右。

昆虫的身体由分节的头、胸、腹三大部分构成，分别是感觉中心，运动中心和神经、生殖中心及脏器所在；一对触角、二对翅膀、三对足是它最显著的特征；体外几丁质外骨骼成为它护身的盔甲；卵、幼虫、蛹和成虫是昆虫变化的一生中不同的生长发育阶段，且各具不同的形态与生理功能；更因为昆虫有极强的对环境的适应能力和惊人的繁殖能力等等，保证了昆虫成为动物世界中最繁盛的一族。

昆虫在自然界中占有十分重要的地位，它是生物食物链网中重要的不可或缺的组成部分；没有昆虫就没有生物的多样性。它又与人类的生活和经济活动关系密切，很多昆虫是人们生产、生活的朋友或敌手。兴利虫抑虫害是人们与昆虫关系的总括。

彩色纷飞的蝴蝶，访花酿蜜的蜜蜂，吐丝结茧的蚕宝宝，引吭高歌的知了，争强好斗的蛐蛐，星光闪烁的萤火虫，身手矫健、形似飞机的蜻蜓，憨厚可爱的小瓢虫，举着一对大刀、怒目圆争的螳螂，令人讨厌的苍蝇、蚊子、蟑螂等等，这些都是昆虫。那么，昆虫还有哪些呢？吐丝的蜘蛛、蜇人的蝎子是不是昆虫？马陆、蜈蚣呢？对这些问题，你不一定能完全答出，现让我们一起来看看到庞大光怪陆离的昆虫世界吧。

昆虫世界大观

信不信由你

昆虫的启示

昆虫的独门绝活

昆虫世界大观

KUNCHONG SHIJIE DAGUAN

最近的研究表明，全世界的昆虫可能有1000万种，约占地球所有生物物种的一半。但目前有名有姓的昆虫种类仅100万种，占昆虫已知种类的1/10。由此可见，世界上的昆虫还有90%的种类我们不认识；按最保守的估计，世界上至少有300万种昆虫有待我们去发现、描述和命名。现在世界上每年大约发表1000个昆虫新种，它们被收录在《动物学记录》中。

在已定名的昆虫中，鞘翅目（甲虫）就有35万种之多，其中象甲科最大，包括6万多种，是哺乳动物的10倍。鳞翅目（蝶与蛾）次之，有约20万种。膜翅目（蜂、蚁）和双翅目（蚊、蝇）都在15万种左右。

昆虫不仅种类多，而且同一种昆虫的个体数量也很多，有的个体数量大得惊人。一个蚂蚁群可多达50万个体。一棵树可拥有10万的蚜虫个体。在森林里，每平方米可有10万头弹尾目昆虫。蝗虫大发生时，个体数可达7亿~12亿之多，总重量约1250~3000吨，群飞覆盖面积可达500~1200公顷，可以说是遮天盖日。

昆虫及其分类

昆虫不但是地球上的老住户（约3.5亿年前已在地球上定居），而且是个大家族。如果将世界上的已知动物暂定为150万种，昆虫则占据着所有动物种类的80%。人们习惯称昆虫为“百万大军”，要按这个数推算，我国至少有昆虫种类15万~20万种，约占世界昆虫种类的15%~20%。

原尾虫

20世纪80年代，有的昆虫学家对巴西马瑙斯热带雨林中的树冠昆虫进行调查研究后认为，世界昆虫种类数量应为300万种之多，如果按此比例递增，我国昆虫种类应为45万~60万种，至少也不会低于25万~30万种。当然这些数字只是根据世界馆藏标本数量、历年新种递增统计以及按不同区域、不同生态环境、不同季节时间调查结果归纳总结后所得。随着科学研究的深入发展，交通工具的发达、畅通，调查工作的广泛深入，采集手段的改进以及统计、信息的准确性不断提高，相信昆虫种类的较为准确数字在不久的将来会展现于世人面前。

昆虫家族的成员的数量及类群特征按昆虫分类阶梯，以目为单元简述如下。

无翅亚纲

本亚纲特点：体小、无翅、无变态。

（1）*原尾目*　已知62种。无眼、无触角、口器陷入头部，适用于钻刺取食，腹部12节。生活于湿地中的腐殖质及石块枯叶下，如原尾虫。1956年北京农业大学杨集昆先生在我国首次采到该昆虫。

（2）*弹尾目*　已知2000余种，口器咀嚼式，内陷，缺复眼，腹部6节，第一、三、四节上有附肢，可弹跳。凡土壤、积水面、腐殖质间、草丛、树皮下均可见其踪迹，该目昆虫分布极广泛，常见的如跳虫。

（3）双尾目　现已知200种以上。口器咀嚼式，陷入头内，缺复眼，触角长；腹部11节，有腹足痕迹及尾须2根。生活在腐殖质多的土中，如双尾虫。

（4）缨尾目　已知约500种。体长被鳞，口器外露，腹部11节，有腹足遗迹及尾须3根。生活于室内衣物及书籍中，也有的生活于石壁、朽木及腐殖质堆内，还有的寄居于蚁巢中。常见种有衣鱼、石硒等。

衣　鱼

有翅亚纲

本亚纲特点：体大，有翅（或退化）、有变态。

（5）蜉蝣目　已知约1270种。口器退化（成虫），触角短刺形，前翅膜质，脉纹网状，后翅小或消失。幼虫生活于水中，成虫命短，如蜉蝣。成语中的“朝生暮死”即指此虫短暂的一生。

（6）蜻蜓目　已知约4500种。头大而灵活，口器咀嚼式，触角刚毛状（鬃状）；胸部发达、倾斜，腹部长而狭；脉纹网状，小室多。为捕食性；幼虫水生，如蜻蜓。

石　蝇

（7）襀（ji）翅目　已知600~700种。头宽大，口器退化，触角长丝状；前翅膜质喜平叠于腹背，后翅臀角发达。幼期生活于水中，肉、植兼食，如石蝇。

（8）足丝蚁目　已知约135种。头扁，活动自如，咀嚼式口器，复眼发达，缺单眼；胸部发达，前足第一跗节膨大，有丝腺体。生活于热带某些植物的皮下，营网状巢，如丝足蚁。

（9）蛩（qióng）蠊（lián）目　不超过10种。体细长，咀嚼式口器，触角丝状，复眼小，缺单眼，尾须长，雄虫有腹刺。生活于高山，如蛩蠊。我国于1986年在吉林省长白山天池由中国科学院动物研究所王书永采到且首次记录。

竹节虫

（10）竹节虫目　已知约2000种。体细长或扁宽，似竹枝或阔叶片；头小，咀嚼式口器，触角丝状，复眼小，翅或存或缺。有假死性，常作为拟态类昆虫代表种，如竹节虫。

（11）蜚（fěi）蠊目　约2250余种。体扁，头小而斜，咀嚼式口器，触角长丝状，眼发达；前胸宽大如盾，前、后翅发达，也有缺翅种类。以腐殖质为食，多食性，生活于村舍、荒野及浅山间，如蜚蠊。

（12）螳螂目　已知约1550余种。头三角形，极度灵活，口器咀嚼式，肉食性，触角丝状；前胸长，前足为捕捉足，中、后足细长善爬行。卵成块状，称螵（piāo）蛸（xiāo），为中药材。常见种有螳螂等。

白　蚁

（13）等翅目　已知约1600种。咀嚼式口器，触角念珠状，多形态昆虫；翅狭长能脱落。本目昆虫多为木材及堤坝的大害虫，如白蚁。同巢中有蚁后、兵蚁、工蚁组成大群体。

（14）革翅目　已知约1050种。体长，咀嚼式口器，触角鞭状：前翅短，革质；后翅腹质，扇形，翅膀放射状；尾须演化成较坚硬的铗，故又名耳夹子虫。多食性，喜腐殖质较多的环境，有筑巢育儿习性，是群集性昆虫中的代表种，如蠼（qú）螋（sōu）。

（15）重舌目　目前仅知2种。我国尚未采到标本。体小而扁（仅8～10毫米），咀嚼式口器，触角短小；前胸大，超过中后胸之和；足较短，腹部11节。生活于腐殖质中，或于鸟兽巢穴寄居。

（16）鞘（qiào）翅目　简称甲，是昆虫纲中第一大户，已知约25万种。咀嚼式口器；前胸大，可活动，中胸小；前翅演化为革质，称鞘翅，后翅膜质，有些种类消失；幼虫多为镯型，裸蛹。常见种有金龟子等。

（17）捻翅目　已知约300种。口器咀嚼式但极退化，触角多杈；前翅退化，呈棒状，后翅阔大，扇形，雌虫头胸愈合，无眼、翅及足。营寄生性生活，如捻翅虫。

（18）广翅目　已知约500种。咀嚼式口器，触角丝状；前胸长，近方形，翅宽大，后翅臀区发达，腹部粗大，缺尾须。幼虫水生肉食性，如泥蛉。

（19）直翅目　已知约20000种，包括蝗虫、螽（zhōng）斯、蟋蟀、蝼（lóu）蛄（gū）各科，为昆虫纲中第六大目。大中型昆虫，体粗壮，前翅狭长，后翅膜质宽大，后足善跳跃（蝗），前足为开掘足（蝼），腹端有产卵管（雌螽、蟋）。

（20）长翅目　已知约310种。头垂直并向下延长，口器咀嚼式，触角丝状，复眼大，前、后相似，雄性尾端钳状上举似蝎，又名蝎蛉（líng）。成虫产卵土中，幼虫喜潮湿环境，捕食性。

蛇　蛉

（21）蛇蛉目　已知约60种。头蛇形，复眼大，触角短丝状；前胸细长如颈，足较短，前、后翅相似；腹部宽大，缺尾须。幼虫生活于林间树皮下，捕食性，如蛇蛉。

（22）脉翅目　已知约4000余种。复眼大，相隔宽，触角丝状；前胸短小，中、后胸发达；有翅两对，前、后翅相似，脉纹网状，翅缘多纤毛；腹部缺尾须。肉食性，如草蛉。

石蚕

（23）毛翅目　已知约3600种。退化了的咀嚼式口器，触角长丝状，复眼发达；翅两对，有鳞或密集的毛，横脉少，后翅宽广，有臀（tún）域；幼虫水生，吐丝作巢，植食性，如石蚕。

（24）鳞翅目　约有10万种之多，为昆虫纲中的第四大目。口器虹吸式，触角棒状（蝶亚目）；丝状、羽状或栉状（蛾）；翅膜质，布满多种形状各种色彩的鳞片。幼虫植食性，如夜蛾。

（25）膜翅目　已知约12万种，为昆虫纲中的第三大目。头大能活动，复眼大，有单眼，触角为丝状、锤状、屈膝状，口器咀嚼式或中、下唇及舌延长为嚼吸式（蜜蜂科）。翅膜质脉奇特。

（26）双翅目　已知约15万种，为昆虫纲中的第二大目。口器舐吸式或刺吸式，触角环毛状或丝状（蚊）、芒状（蝇），前翅1对，后翅退化为平衡棒。肉食性、腐食性或吸血；围蛹或裸蛹。

（27）蚤目　已知约2200种。体小而侧扁，刺吸式口器，眼小或无，触角短锥形；皮肤坚韧，多刺毛，翅退化，后足跳跃式；腹部扁大，末端臀板发达，起感觉作用。外寄生于鸟及哺乳类动物。

（28）缺翅目　已知约12种。体型小，咀嚼式口器，触角短，仅9节，念珠状；前胸发达，有无翅型和有翅型两种，有翅型翅也能脱落，尾须短而多毛。1973年中国科学院动物研究所黄复生先生在西藏采到该目的一种昆虫，为我国首次记录。

（29）啮虫目　已知约900种。体小、头大垂直，触角长丝状，口器咀嚼式；前胸缩小如颈。翅膜质，前翅大于后翅，翅脉稀但隆起；足较发达，能跳跃。生活于腐烂物质、书籍、面粉中，如啮虫。

（30）食毛目　约有2500种。体扁、头大，眼退化，口器为变形的咀嚼式（常以上颚括取鸟羽、兽毛及肌肤分泌物为食）；触角短小，最多5节，翅退化，前足攀登式。寄生于鸟及哺乳类动物身上，如鸡虱。

（31）虱目　已知约500种。体扁，头小向前突出，眼消失或退化，刺吸式口器，触角较小；胸部各节愈合，缺尾须，前足适于攀援。寄生于哺乳类动物身体上，如虱子。

裸 蛹

（32）缨翅目　已知约2500种。体型小，细长，复眼发达，翅狭长、脉退化，密生缨状长缘毛，口器特殊，左右不相称，故称锉吸式；植食性，喜生活于植物包叶间及树皮下，个别种类为捕食性，如蓟（jì）马。

（33）半翅目　已知5万余种，是昆虫纲中第五大目。头小，口器长喙形刺吸式，向前下方伸出，触角长节状；前胸宽大，中胸小盾片明显；前翅基丰厚硬如革，后半膜质。植食性或捕食性，如蝽（chūn）象。

（34）同翅目　已知约16000种。是昆虫纲中第七大户。复眼较大，口器刺吸式，生于头部下后方；前、后翅均为膜质，透明或半透明。大部分为农林主要害虫，有些种可借助口器传播植物病害，如蚜虫。

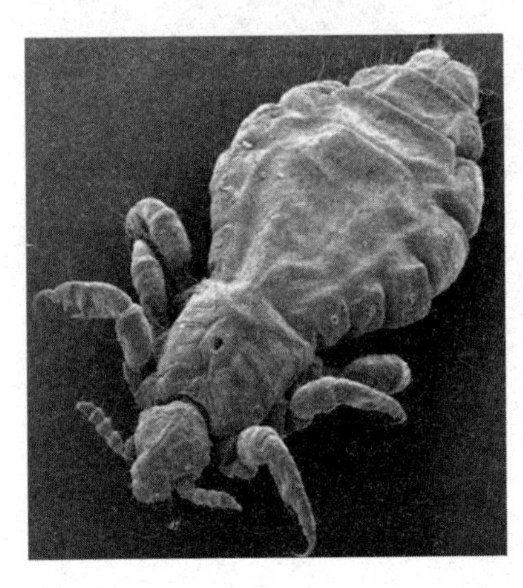

虱 子

当你读完前面一段文字记述后，便会很自然地提出这样一个问题来：昆虫的种类为什么这样多？

解答这个问题并不十分困难。中国有句俗话“耳听为虚，眼见为实”，只要经常到大自然中去走走看看，这个问题便会从书本知识变为现实的东西。在大自然中观察昆虫，你会从中学到书本中没有的知识，并能开拓你的思维能力。昆虫种类繁多，主要有以下几方面的原因。

（1）繁殖能力强　昆虫的生育方法一般是雄、雌交配后，产下受精卵，在自然温度下孵化出幼虫来，这种繁殖方式称有性生殖。在大部分种类中，一只雌虫可产卵数百粒至千粒。蜂王产

蚜 虫

卵每天可达2000~3000粒。白蚁的蚁后每秒可产卵60粒，一生可产卵几百万粒。一对苍蝇在每年的4~8月的5个月中，如果生育的后代都不死，一年内其后代可多达19000亿亿只。一只孤雌卵胎生的棉蚜在北京的气候条件下，6~11月的150天中，如果所生的后代都能成活，其后代可达60000亿亿只以上。如果把这些蚜虫头尾相接，可绕地球转3圈。还有些种类的昆虫有幼体生殖、卵胎生、多胚生殖等有利于扩大种群的生育方法。

（2）体型小　昆虫的体型小，这使它们在争夺生存空间战中占了很大便宜。昆虫中，体型最大也只有十几厘米，一般都在2~3厘米之内，还有许多种类要用毫米甚至微米测量。一块石头下的蚁穴中，可容几万只且过着有次序的社会生活的蚂蚁；一片棉叶下可供几百只蚜虫或白粉虱生活、繁殖后代和取食。有人统计过，1公顷的草坪可轻松地容纳下近6亿只跳虫自由自在地生活。

苍 蝇

（3）食量小，食物杂　昆虫中食量小的种类很多，如一粒米或一粒豆可使一只米象或豆象完成它从卵、幼虫、蛹到成虫的全过程所需的食物。食性杂，食源广的特性也为昆虫提供了生存的机遇。舞毒蛾的幼虫能很自然地取食485种植物的叶子；日本金龟子可不加选择地取食250种植物。从植物受害方面讲，苹果树有400种害虫；榆树有650种害虫；栎树有1400种害虫。

（4）有很强的选择适宜生活环境的迁移能力　昆虫有着善于爬行和跳跃的足以及专门用来飞翔的翅，这就扩大了它们的生存范围。昆虫可借助风力和气流远距离迁移。危害小麦的黏虫的成虫，在迁飞季节，可从我国的广东

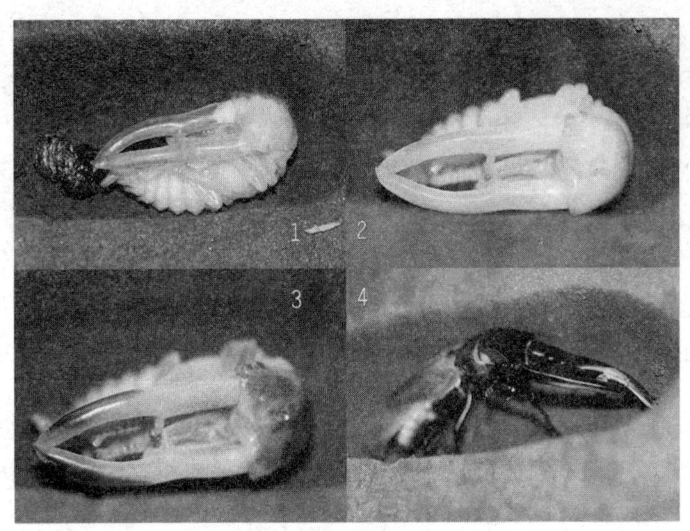

卵、幼虫、蛹到成虫的全过程

省起飞，跨高山、越大海到达东北各省，而且每次起飞可持续 7 ~8 小时而不着陆，每小时的飞翔速度竟高达 20 ~24 千米。昆虫还可借鸟、兽和人们的往来、植物种子、苗木及原材料的运输来迁移。这样虫借天力人为，就扩大了它们的生存天地。

(5) 有很强的适应性　昆虫耐饥饿、耐严寒、抗高温、干旱的能力很强。咬人的臭虫一次吸血后，可连续存活 280 天。跳虫在 -30℃的低温下还能活动。在浅土中过冬的昆虫幼虫或蛹，只要来年冰消雪化，即可苏醒过来，继续生活并繁衍后代。多种仓库害虫可忍耐 45℃的高温达 10 小时而不死。珠绵蚧包在球形体壁内的幼虫，在完全干燥的沙土中可活 8 年之久。

(6) 多变的生存行为　昆虫有着多种复杂的变态以及模仿、拟态、防御等自我保护行为，这就为保护其种群的生存、发展创造了极为有利的条件。

衣　鱼

衣鱼是衣鱼科昆虫的通称，一类较原始的无翅小型昆虫，全世界约有 100 多种。衣鱼的个体发育过程经过卵、若虫和成虫三个时期，属于表变态

(昆虫不完全变态的一个类型)。俗称蠹、蠹鱼、白鱼、壁鱼、书虫。

身体细长而扁平，上有银灰色细鳞，长约4～20mm。触角呈长丝状，腹部末端有2条等长的尾须和1条较长的中尾须，咀嚼式口器。

昆虫的器官

昆虫的外部附肢器官

足上的力学　足是昆虫的主要运动器官。有了足就可带动身体去寻找食物、求婚配对、选择适宜的生活场所。一句话，昆虫没有这六条腿就生活不下去。

不要小看昆虫这几条小腿，它们在结构和式样上，还真有点学问哩。

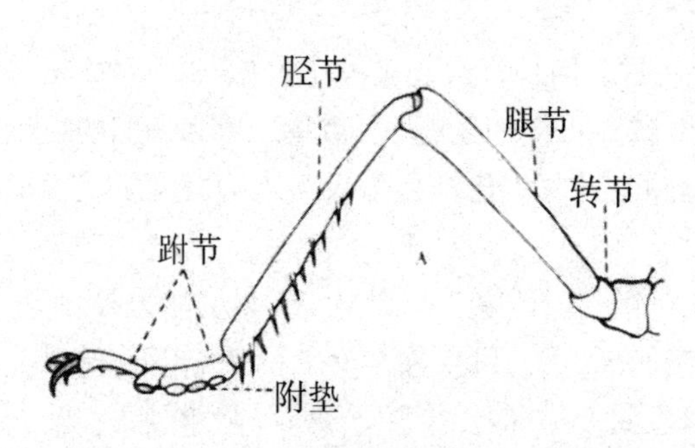

昆虫足的构造

昆虫的足能那么灵活地运动，这与足的构造形式有着极为密切的关系。昆虫的足共分为5节，很像是一台高性能挖土机上的分节铁臂。昆虫足的第一节与身体相连，生长在一个叫做基节窝的小坑里，它起着根基的作用，支撑着足的重量，人们叫它基节。第二节短而圆，是整个足上的大转轴，好像挖土机上的转台，操纵着足的转动方向，人们叫它转节。第三节粗大，表皮下面生长着发达的能伸能缩的肌肉，起着挖土机上那根长而有力的铁臂和拉链的作用。它起的作用和模样，又像是人们的大腿，所以叫做腿节。再前面的一节起着推拉杆的作用，足的伸长或缩短、走起路来迈的步子大小，主要由这一节来支配，叫做胫节。胫节前面的一节，是由2～5个小节组合而成的，由于各节之间相隔很短，运动灵活，便于附着在物体上向前爬行和攀登，就叫它跗节。最后一节的顶端，还长着两个又尖又硬的爪子，可用来协助跗节抓牢物体不至于脱钩。有些种昆虫的两爪之间，还长着有弹性的垫子，可凭借它分泌的黏液和吸附力，将足附着在光滑的物体表面，甚至倒悬着也不会掉下来。还有不少昆虫的跗节及爪垫上，生长着极为灵敏的感觉器官，一经与物体接触，便可知道物体情况，以决定其行动。

盗　虻

由于昆虫足的结构有着力学的科学原理，因此，便产生了极为惊人的抓、爬、跳、弹、拖、拉、挖的力量。如果你有兴趣，不妨做个实验，捕捉一只身材较大的甲虫，用镊子细心地将一条腿自基部完整地摘下来，并平行地夹住，再用另一把镊子牵动基节内的肌肉，便可看到腿的运动及收缩情况。如果在爪尖上挂一个大于腿重量 250 倍的物件，腿的结构也不会受到损伤。

人们做过这样的实验：捉来一只身体健全的蜻蜓，用线把它的胸部捆好，让它抓住相当于其体重 20 倍的食物，轻轻提起，蜻蜓竟能靠足的抓力，抱紧食物达 15 分钟之久。我们也曾看到蜻蜓捕捉比它体积大 5 倍以上的天蛾成虫，飞离地面数米，然后停留在树梢上嚼食。

盗虻在抓举竞赛中也毫不逊色，能捕捉到比它身体长 1 倍、重 2 倍的负蝗，用足轻而易举地抓吊着，远走高飞。

金龟子

大花金龟可以抓起 324 克的重物，比自身的重量大 53 倍。

昆虫不但抓举能力强，而且抓得很牢固，如果想把它抓住的食物拿掉，并不容易，强行夺取，有时甚至将腿拉断它也不肯松开。

人们都知道马的拉力很大，一匹体重为 0.7 吨的好马，在良好的路面上，用四轮车最多可拉动 3.5 吨的货物，相当于自身重量的 5 倍。

你也许没有想到，动物中拖力最大的大力士并不是马，而是六条腿的小昆虫。

为了证明昆虫的拉力有多大，曾有人做过一个实验：捉来一只体重仅有0.5克，俗名叫耳夹子虫的大蠼（qú）螋（sōu），用线拴住它尾部的夹子，在平滑的地面上，可拖动一辆170克的玩具小空车，快速地向前爬行。后来再在空车装上东西，并逐渐将重量增加到265克，还可勉强拖着走。如果用耳夹子虫的体重，去除它所拖拉的总重量，再把得数四舍五入，就可得出个惊人的数字，它所拖的重量相当于自身重量的500倍。

用同样方法测试一只体重为6克的犀角金龟子，它能拖拉的重量达1086克，比自身重量大181倍。

一只织巢蚁，可用嘴叼着比它体积大40倍的植物叶片，用六条细长的小腿在地面上拖着走。而一只普通的黑蚁，竟能较轻松地将比它的身体重1400倍的食物拖到自己的巢口。

高效率的挖洞机

很早以前，有个横征暴敛、欺压人民的皇帝，百姓被他压榨得无法生活下去了，便联合起来造反。他们拿起锄头扁担冲进皇宫，皇帝闻讯从后门落荒而逃。追赶的人群喊声震天，惊慌失措的皇帝正无处躲藏时，只见路旁有个蝼蛄挖的土洞，便一头钻了进去，躲过了一场“灭顶之灾”。后来皇帝为报答救命之恩，赐给蝼蛄边地一垄，任它随意吃垄中禾苗。故事虽然出于虚构，蝼蛄挖洞能力的强大可是千真万确的。

蝼　蛄

蝼蛄挖洞的特殊本领，出自它胸部生长着的那对又粗又大的前足。上面有一排大钉齿，很像是专门用来挖洞的钉耙。

蝼蛄挖洞时，先用前足把土掘松，尖尖的头便靠着中足和后足的推力，用劲往里钻，坚硬宽大的前胸，一起一伏地把挖松的土挤压向四周。就这样挖呀，钻呀，压呀，一条条隧道便形成了，真可谓“功夫不负有心人”。

蝼蛄在地下挖的隧道，浅的也有六七厘米，深的可达150厘米，而且一夜之间能挖掘出 200 ~ 300 厘米长。其貌不扬的蝼蛄还能在地下挖出“育儿室”、“休息间”。为了度过严寒的冬天，它也会挖个专供睡眠的土洞洞。如果能仿照蝼蛄前足的构造及其运动功能，制造一台大功率的挖洞机，用来挖掘地下隧道，造福于人类，那该有多好啊！

昆虫的行走听视与繁殖

地球上的动物，生长着六条腿的恐怕只有昆虫了。因此，古希腊的昆虫学家，把昆虫纲称为“六足纲”。这个名称被认为反映了昆虫纲的主要特征而流传至今。中国最早研究昆虫的学术团体，也是以昆虫的六条腿特征命名的，叫“六足学会”。

蚊　子

前面说的都是昆虫六条腿的特殊功能及其力学原理。也许有人要问，昆虫长着六条腿，走起路来先迈哪一条，后迈哪一条呢？在高速摄像机问世前，人们为了揭开这个谜，曾经捉来一只身体较大的步行甲虫，把它的六条腿各蘸上不同颜色的油墨，让它在白纸上爬行。起初昆虫用蘸有油墨的足走路很不习惯，于是在纸上画出了一幅极不规则的超现代派抽象画。经过几次实验，终于走出了正规的印迹，清楚地表明它是将六只足分为两组，像“三脚架”一样交替支撑着身体向前运动的。一组是用身体右边的前足、后足和左边的中足组成；另一组是用左边的前足、后足和右边的中足组成。行走时当第一组的足举起身体向前移动时，另一组的足便负担着支撑身体重量的任务。同一组的 3 只足也并不是同时移动，而是前、中、后依次行进。由于一般昆虫的足都是前、中足短些，后足长些，后足迈出的步子总是大些，这样就很自然地使它们的行走路线成为“之”字形。

（2）*昆虫飞行的启示*　大多数昆虫有翅，并可以飞翔。有了翅就扩大了它们的生活范围，这也正是昆虫在地球上的数量如此之多的原因之一。

昆虫翅的结构很像一只风筝。在翅的表面镶嵌着一层透明的翅膜，在翅

蝴　蝶

膜内贯穿着许多条像风筝用竹签扎成的支架，叫做翅脉。为了使翅膀在飞翔时增强支撑能力，免得被风折断，还有许多横脉将翅膜分成许多大小不同的格子，叫做翅室。有些种昆虫的翅像透明的塑料布，翅脉清晰可见，如蜜蜂和苍蝇的翅就是这样。蝴蝶和蛾子的翅上，覆盖着一层五光十色、像鱼鳞一样排列着的鳞片，而且以鳞片的大小、形状、颜色组成各种鲜艳夺目的图案。至于毛翅目的昆虫，它们的翅膜上还铺满了一层密集的毛。

昆虫光有翅还不能飞行，还要靠肌肉。翅的基部连接着体内极为发达的肌肉群，而且各种肌肉还有着严格的分工。专管向上提翅的肌肉，叫提肌，管理向下拉翅使虫体下降的肌肉，叫拉肌或牵肌。还有的肌肉用来操纵翅的振动频率和飞行方向的变更。当昆虫要起飞时，肌肉系统开始工作，互相作用，先使翅产生抖动，然后加大牵引力，同时使翅的尖端向下压，利用空气受压产生的阻力，同时将翅的前缘扭转，使气流从翅下通过，将身体举起来。这时振动肌开始工作，昆虫便向前飞去。昆虫飞行的快与慢，由翅的振动频率来决定。当然身体内的肌肉所产生的任何动作，都要由大脑中的神经系统支配，才能运动自如。

蜻　蜓

昆虫的翅有着这样科学的结构，再加上像机械一样的运动着，便决定了有翅昆虫不但能飞，而且有些种类的飞行速度也很可观。

蜻蜓称得上昆虫中的飞行冠军。每当暴风雨将要来临或雨后初晴的时候，常见到蜻蜓三五结伙，数十只成群，多者成百上千只结队飞行，时上时下，忽慢忽快，有时竟微抖双翅来个180°的大转弯，姿势非常优美。它们还可用翅尖绕着“8”字形动作，以30～50次/秒的高速颤动，来个悬空定位表演。蜻蜓时常以10～20米/秒的速度连续飞行数百里而不着陆，有时还会突然降落在植物尖梢上，一瞬间又飞得无影无踪。唐诗中有“蜻蜓飞上玉搔头”的诗句，生动地描述了它们飞行的特殊技能。

蜻蜓飞得这样快，可是它们的翅却不会被折断或受到损伤，除了翅上布满像蜘蛛网状的翅脉，承受着巨大的气流压力外，在翅的前缘中央，生长着一块极其坚硬，叫做翅痣的黑色斑，起着保护翅的防颤作用。研究制作飞机的人们从中受到启示，在机翼的前缘组装上了一块较厚的金属板，不但使飞机在航行中减少了颤动，提高了安全系数，也起到了平衡作用，加快了飞行速度。

蝗虫的飞行能力也很惊人。成年蝗虫每天可轻而易举地飞行160多千米。一度在摩洛哥发现的蝗群，原来是从3200千米以外的南部非洲飞来的，后来不仅从西非飞到孟加拉国，而且又经过土耳其向北飞去，有些迷途的蝗群竟飞到了英国。

黏虫的飞翔能力也很超群。有人曾做过这样的实验，在黏虫春季回迁季节，在其身体上做好标记，从我国南方省份广东释放，3～5日后即在我国最北方的黑龙江省回收到。人们在追踪观察中发现，黏虫一次起飞可连续7～8小时不着陆休息，飞行速度可达20～40千米/时。

金龟子每秒钟可飞行2～3米远。身体只有1毫米多的蚜虫，在无风天气，每小时也可飞0.8～2千米，而且在借助风力的情况下，可飞得很高，有人曾在3970米的高空中捕到它们。

蝗　虫

苍蝇、蚊子、牛虻只有一对翅膀，原来的后翅退化成半个哑铃状的�翅，一般称为平衡棒，可是它们的飞翔速度并不减慢。家蝇每秒

苍　蝇

可飞行2米；牛虻每秒飞行5～14米；鹿蝇的飞行速度可与现代超音速飞机媲美，每小时可飞行400千米。

一些昆虫从用两对翅飞行，演变成用一对翅飞行，这是飞行能力发展的必然结果。从进化的角度理解，它们应属于昆虫中的“高等绅士”了。

双翅目昆虫的后翅虽然已经退化得很小，所发挥的功能却不减当年，虽然振动频率与前翅一样，但力向相反，在水平飞行时起着稳定身体的平衡作用。当身体偏离航向时，一侧的平衡棒便急速地振动，而另一侧的减慢振动，用来及时纠正航向。平衡棒还可以保持机体的爆发能力，以便能垂直起降。昆虫楫翅的导航原理，已被科学家们利用，仿制成叫做“音叉式振动陀螺仪”的小型导航仪，并在火箭和高速飞机上装配，起到了稳定安全飞行的作用。

(3) *万花筒与偏光镜*　在昆虫寻找食物，躲避敌害，谈情说爱，传宗接代等多种多样的活动中，眼睛——视觉器官起着很重要的作用，因为需要依靠它才能与周围的环境建立起密切的关系。

在所有的动物中，昆虫的眼睛不但最多，而且构造也很特殊。它除了在头的前方两侧，有1对大而突出的叫做复眼的眼睛外，在两个大眼之间还有1个或3个叫做单眼的小眼。1个复眼并不是一个单体，而是由许多六角形的小眼聚集在一起形成的。因此，复眼的体积越大，小眼的数量也就越多。

不同种类昆虫复眼中的单眼，其数量有多有少。据科学工作者们的实验、观察和计算，蜻蜓像一个变色灯泡的又圆又大的复眼，竟是由1万～2.8万个小眼组成的。蝶类的复眼则由1.2万～1.7万个小眼组成。在水中生活的龙虱，每个复眼由9000个小眼聚集而成。家蝇的复眼有3000～6000个小眼。蚊虫的复眼只有50个小眼。让人们难以理解的是，同是一种蜜蜂，工蜂的复眼由6300个小眼组成，蜂王的复眼为4900个小眼组成，而雄蜂的复眼是由13090个小眼组成的。

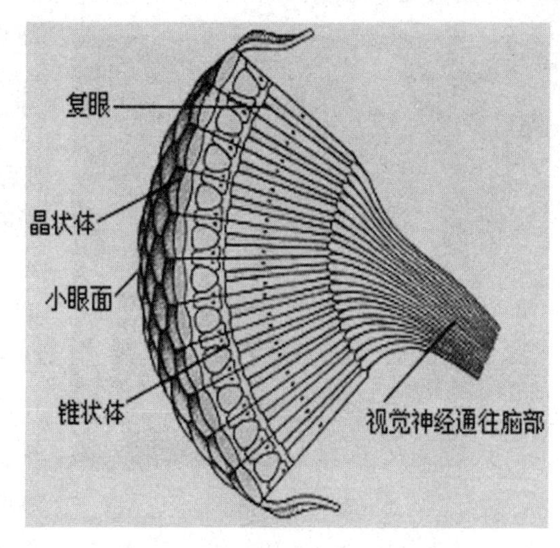

昆虫复眼的结构

昆虫的复眼虽由这么多小眼组成，但大多数视力并不强，有点接近于近视。经过科学家们的测量，得出的结论是，家蝇的视觉距离只有40～70毫米；蜻蜓的视觉可达1～2米。不过，有一种非洲产的毒蝇却能清楚地看到150米左右远的物体。

虽然昆虫能看到物体的距离较短，但它们对物体移动的觉察能力却很敏锐。当一个物体忽然在眼前闪过，人们的眼睛要在0.05秒的时间内，才能看清模糊轮廓，而苍蝇只要在0.01秒内就能辨别其形状大小。根据这种现象，人们从雄蝇追逐雌蝇的飞行路线中发现，苍蝇的复眼视觉有着绝妙的追踪能力。

昆虫复眼的结构既复杂又巧妙。复眼中每个小眼的前面都镶嵌着一层像凸透镜一样的，叫做角膜的聚光装置，它起着照相机镜头那样的校对焦距的作用。角膜下面连接着调整清晰度的晶体部分以及辨别颜色的色素细胞和感觉束，它还与视觉细胞以及连接大脑的传感神经相通。当神经感觉到聚光系统传入光点的刺激时，便形成点的形象。许多小眼内的点像互相作用，即连接成一幅完整的影像。如果把一只完整的复眼取下，用石蜡包埋并用切片机纵切开，封闭在玻片上，在放大镜下观察，便可见到许多菱形的小眼，像一朵葵花盘似的聚集在一起。如果将半个复眼变换着角度在阳光下观察，由于光的折射作用，在眼面上会出现五颜六色、绚丽夺目的斑点，很像一只奇妙的万花筒。

昆虫复眼中的小眼数量不同，对不同颜色的分辨能力和敏感程度也不一样。人们的眼睛看不到紫外线光，可是在蚂蚁、蜜蜂、果蝇和许多种蛾子的眼里，紫外线却是一种刺激性最强的光色。又如蜜蜂不能辨别橙红色或绿色；

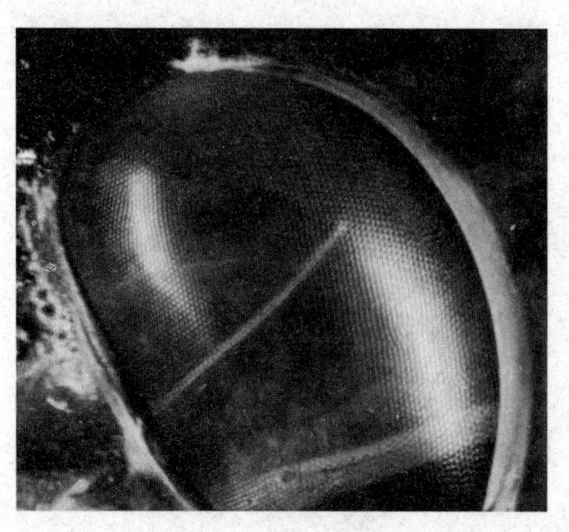

蝗虫的复眼

荨麻蛱蝶看不到绿色和黄绿色；金龟子不能区分绿色的深浅。

有些昆虫的复眼，在飞行过程中还起着定向和导航的作用哩，蜜蜂就是其中的一例。它们眼中的感光束，呈辐射状排列着，每个感光束由 8 个小网膜细胞组成，其中的感光色素位于密集的微绒毛中，由于微绒毛中感光色素分子的定向作用，和对光的吸收能力，而有着特殊的定向功能。蜜蜂就是利用复眼中这些极为复杂的视觉细胞感受到透过云层散射出来的、有固定振动方向的“偏振光”来判断太阳在天空中的位置的，即使天空中乌云密布，外出百里之外采蜜的蜜蜂回巢也不会迷失方向。人们受到蜜蜂眼睛构造的启示，根据其原理，已成功地制造出一种叫做“偏振光天文罗盘”的仪表，从此飞机能穿云破雾，搏击长空；舰艇在阴雨连天的大海中航行，都不再迷航了。

有一种象鼻虫的复眼，可起到速度计数器的作用，它能根据眼前所能见到的物体从一点移动到另一点所需要的时间，通过脑神经计算出自己相对于地面的飞行速度。因此，这种甲虫在飞行着陆时，离它选定的着陆点误差很小。人们据此研究出了测量飞机相对于地面的飞行速度的仪表——地速计。这种仪器还能测量火箭攻击各种目标时的相对速度。

昆虫头上的单眼，只是一个四周没有受到任何压力的圆形角膜镜，所以它只能辨别小范围内的光的强弱，以及映入眼中但不清楚的影像的距离。

(4) 千姿百态的顺风耳　法国著名昆虫学家法布尔，为了验证蝉有没有耳朵，做过一次实验。他把两门土炮架在大树下。蝉正在树上醉心地唱歌。轰！炮声响了。响声如霹雷一样，人都“震耳欲聋”，可是蝉却像是没有听到似的，照样唱个不停。所以法布尔当时断定：蝉是聋子，它没有耳朵——听觉器官。

蝉不是聋子，它也能听到声音，只是它的听觉器官与高等动物的耳朵不大一样。法布尔生活在 19 世纪，那时还没有什么测试昆虫听觉能力的仪器供他使用，再加上当时对声波的认识还不完善，只靠眼睛观察放炮后蝉的动静，因此得出了个不正确的结论。

蝉

不论哪种动物的听觉器官，能够接受的声波频率都有一定范围。人的耳朵可以听到每秒振动 16 ~ 20000 次之间的声波，低于这个频率的次声波和高于这个频率的超声波都听不到。昆虫不但有着它们自己接受声波的范围，即使不同种类的昆虫对声波的接受能力也不相同，频率过高或过低的声音，它们不一定都能听到。蝉对同一种蝉的叫声接受能力比较灵敏，可是你在它身边喊叫、拍手，甚至像法布尔那样放土炮，它都满不在乎，就是这个道理。

蝉的耳朵并不像高等动物长在头上，而是长在腹部第二节附近，由比较厚的鼓膜和下面的 1500 个弦音听觉芽以及上面的感觉细胞组成。当声波传到听觉器官上，再把信号传到脑子里，蝉就听到了声音。但由于这些听觉芽像丝一样延长，所能感受到的声波很有限，因此蝉的听力也很差。

蝗　虫

不同种类昆虫的耳朵和在身体上的位置不一样，其听力也不同。

这里拿同属于直翅目的蝗虫和蟋蟀来做个比较。蟋蟀的耳朵长在前足胫节（小腿）的基部，从外面看像是一条椭圆形的细缝，表面有层发亮的鼓膜，每个鼓膜里有 100 ~ 300 个感觉细胞，鼓膜受到外部声波的冲击，将振频传入中枢神经，这时同类昆虫便可彼此呼应了。

蝗虫的耳朵长在腹部第一节的两边，像个半月牙形的小坑，里面有块像镜面一样的发达鼓膜，膜上还有个起着共鸣作用的气囊，每个鼓膜下有 60 ~ 80 个感觉细胞。不过蝗虫休息时，两个耳朵完全被翅膀盖住，只是在展开翅膀飞行时才暴露在外面，接受声音的能力才会更敏感。人们研究了蝗虫所能接受的声波后，已经可以用 15000 ~ 20000 赫兹的人工信号来招引蝗虫发出鸣声或起飞等一系列反应。

蟑螂属于蜚蠊目，是一种生活在家庭中偷吃食品、让人讨厌的昆虫。在人们猝然发现它的一瞬间，它便会迅速地逃掉，这是由于它们尾须上的毛状感觉器，像是一台高度灵敏的微波振动仪，能感到频率很低的音波，不仅能测到振动的强度，就连方向也能感觉出来。蟑螂能感受音波的尾须，只能说是耳朵的代用品。

夜蛾（地老虎）

鳞翅目中的夜蛾（如黏虫、地老虎、甘蓝夜蛾等），它们的耳朵长在胸部和腹部之间的两侧，在节间膜部位的凹陷处，像个菱形的小洞，平时不易看到，只有表面那层透明鼓膜下面的鼓膜腔开始充气时才比较明显，里面有两个感觉细胞与鼓膜相连。夜蛾晚间飞行时，在距离它们的天敌——蝙蝠还有 30 米时，耳朵中的鼓膜与感觉细胞就已捕捉到蝙蝠发来的超声波。夜蛾感到大祸临头，便急速降低飞行高度，避开声波覆盖范围，从而保存了生命。

昆虫不仅到了成年时有着千奇百怪的耳朵，有些种类在童年（幼虫）时就有起耳朵作用的感觉器官——毛状感觉器。

毛状感觉器是由毛原细胞、膜质细胞和感觉细胞三部分组成。膜质细胞在幼虫的表皮上形成膜状毛窝，毛窝中生有一根空心刚毛，当刚毛受到空气振动或外部压力时，便把接收到的外界刺激传到感觉细胞的接触点，再由感觉神经传到中枢神经，使虫体产生出迅速而又有多种表现的反应来。

长有这种毛状感觉器官的，多为身披又长又密毛束的毒蛾科和枯叶蛾科的幼虫。舞毒蛾幼虫的感觉毛能接收 32 ~ 1024 赫兹频率的音波，大致与暴雨欲来时的雷声频率相同。这就使它们闻声后能即刻将身体蜷缩，防止从树上跌落下来。

(5) 真假尾巴的功能　动物中的飞禽走兽，都长有尾巴。不过不同种类的尾巴所起的作用各不相同。马的尾巴能驱赶叮咬皮肤、吸食血液的虻蝇；长尾猴的尾巴起着帮助攀缘的作用；袋鼠的尾巴不但能助跳，还能用它来支撑身体，进行格斗。

昆虫中也有不少种类，生长着起不同作用的尾巴。

衣鱼，俗名蛀书虫（属缨尾目衣鱼科），体小柔软，身披银灰色鳞毛，常栖息于书籍、纸张和衣物间蚀食。一旦被人发现，动作极为敏捷，转眼便“溜之大吉”，无影无踪。它们这种逃避天然敌害的本领，与生长在腹部末端的尾巴有着极为密切的关系。

衣　鱼

衣鱼的尾巴，是3条分节的比身体还要长的尾毛的须须。这3条须须不但有着触觉功能，也是运动的附属器官。衣鱼善于爬行在垂直的墙壁上，除肚子下面有着起吸附作用的泡囊外，尾巴总是紧贴着墙壁，上面那密集的短毛还起到助推和防止下滑的作用。衣鱼为防止蜘蛛、蝇虎等天敌的捕食，停息时总是不停地摆动着尾梢，诱使天敌将注意力集中到尾梢上来，当尾巴被抓住，分节的尾毛即断掉，身体便可乘机逃脱。这可算是“舍尾保身”术吧。

跳虫属于弹尾目跳虫科，也有一条与身体差不多长的尾巴，不过它的尾巴只能作代替步行、加快逃跑速度的工具——弹跳器。跳虫的尾巴，不是长在腹部的末端，而是长在腹部的下面。尾巴尖端分成两个带叉的附属器官。平时这个尾巴弹跳器挂在肚子下面的钩状槽内，要跳时，与弹跳器基节连接着的肌肉突然伸张，弹跳器脱出钩槽，向后下方弹去，借助接触地面时的反弹力，跳向高空。跳虫要想跳向远方时，便将弹跳器端部的小叉分开，起到接触地面时的均衡作用，不致使身体摆动或歪斜，增加了前冲力。

在鳞翅目昆虫中，也有一些种类的幼虫长着很明显的尾巴。天蛾科幼虫

跳　虫

的第八腹节背板后方，延伸出一根又硬又长，像钉子一样的尾巴，由于它很像身体后面多出了一只角，人们便叫它尾角。

天蛾幼虫身体后的尾角，不是幼虫接近成熟时才长出来的，自从卵中胚胎开始发育时，它就有了雏形。当幼虫在卵中形成，将要孵出时，尾角也派上了用场。当幼虫在卵中旋转时，较坚硬的尾角与卵壁摩擦，将卵壳划破，幼虫便破卵而出。另外，它还能起到恐吓“别人”，保卫自己的作用。

杨二尾舟蛾属于鳞翅目舟蛾科。它的幼虫在腹部末端有两条能伸缩、还有着变色作用的尾巴。其实这种尾巴只能说是由皮肤延伸成的软套管，套管基部一段与幼虫皮色相同，前面又长又细的一段呈红色。不过带色的这段平时隐藏在基部的套管里，只有受到惊吓或外敌侵袭时，才利用腹腔充血的压力，猛然翻出，红缨招展，左右摇摆，好不威风。毕竟血液压力有限，不久便慢慢卷起，缩回到好似尾巴的套管中去。这种酷似尾巴，又不起尾巴作用的结构，人们叫它翻缩腺。

蜻蜓的交尾过程复杂而有趣，当雄蜻蜓的精子成熟后，第九腹节生殖孔中的精子，会自行移入第二腹节的贮精囊里，这时如遇到雌蜻蜓，便忽上忽下，时远时近，互相追逐，当两性靠近时，雄蜻蜓那细长的、腹部末端的夹子——抱握器，便猛然夹住雌蜻蜓的颈部，而雌性则用足抓住雄性的腹部，并将腹部末端的生殖器，搭到雄性的贮精器官

杨二尾舟娥幼虫

上。这就是蜻蜓在空中边飞翔边交配的全过程。不明真相的人们，总爱说成是蜻蜓在“咬尾巴”。蜻蜓的腹部末端没有具备尾巴功能的结构，可是当雌蜻蜓体内的卵子受精后，它又总是尽量伸长尾部，在水面不时地点上几下。人们说是“蜻蜓点水，尾巴先湿”，看起来像是在要什么特技，真实情况是蜻蜓在向水中产卵。

(6) 多变的生儿育女器官　昆虫的腹部是长筒形。在腹部末端的第八或第九节上，生长着生儿育女的繁殖器官，雄的叫交配器，雌的叫产卵器。雄虫的交配器，大部分隐藏在第九腹节的体壁内，从外表看不到什么奇特的样子。雌性的产卵器，一般都裸露在体外，样子多变也很离奇。

昆虫的种类不同，所需要的产卵场所也不同，因此，产卵器官的外形构造也多种多样。

蝈　蝈

蝈蝈的叫声清脆悦耳，因而成为人们饲养的宠物。但要在野外捉几只蝈蝈，并不那么容易，它们生性喜欢在酸枣棵、蒺（jí）藜（lí）苗等那些长刺扎手的植物上鸣叫，当你刚要走近去捉时，它便跳入杂草丛中，如果你拨开乱草寻找，找到的常常不是那英俊威武、善于唱歌的雄蝈蝈，而是笨拙丑陋、大腹便便、身体后面像挎着把马刀的雌蝈蝈。原来它是听到雄蝈蝈的鸣声后，赶来幽会的，没想到身轻灵巧的雄蝈蝈早利用它那翠绿色隐身术“逃之夭夭”了，雌蝈蝈反而成为顶替的俘虏。

古书上有“男出征，女耕织”的说法，意思是出征打仗要男儿冲锋陷阵，女儿在后方耕田织布。那么蝈蝈为什么是雌的挎刀呢？原来在它身后拖垮的那把像马刀形的东西，是用来划破地皮在土中产下过冬卵的产卵器。

蝈蝈的产卵器，是由 3 对骨化很强的产卵瓣组成的。两对扁平的产卵瓣，把另一对中央有条狭缝的产卵瓣包在里面。三对产卵瓣借助互相关联的滑缝，组成一个中间扁宽、尖端稍细，并向上翘的很像是马刀形的产卵器官。

蝈蝈产卵前，也要四处游走，精心策划，选择个向阳避风而且比较僻静的地方，先用产卵器试探地表的软硬程度，感到合适时才把地面划破，把产卵器斜伸到土壤深处，这时它便借助于产卵器中间的滑缝，向着纵的方向彼此移动的推力，把从腹部排出的卵粒产入土中。

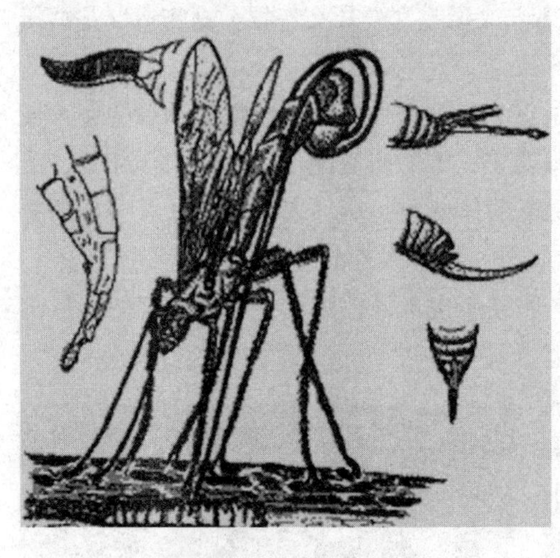

不同种类昆虫的产卵器官

呆头呆脑的雌蝈蝈产完卵后，也不知道修补一下产卵时在地面上留下的斑斑痕迹，便拖着它那已经合不拢的旧“马刀”和疲惫不堪的身体离去。那些在土中散乱着的，又没有任何东西保护的卵粒，常被严冬季节的暴风吹得裸露出来，遭到鸟类的啄食，损失了大半。那些埋得较深的，就依靠那层较厚的卵壳作保护，熬过严寒的冬天，待到春去夏来，百花盛开时节，孵化出一个个幼小的生命来。

蟋蟀和蝈蝈同属于直翅目，是一个大家族中的远房兄弟。可是蟋蟀的产卵器官却不是马刀形，而很像是倒拖着的一把“长矛”。这种“长矛”的构造比较简单，只由两块骨化较强的产卵瓣组成，中间的滑缝成为排卵的通道，产卵管的顶头像个三棱形的矛头，张开时酷似鸭子的嘴。

蟋蟀产卵时先摆好姿势，用6条腿支撑起身体，把产卵管几乎垂直地弯向下方，那鸭嘴状的矛头使劲往下锥，同时还在一张一合地运动着，在地上钻出个垂直的小洞。从体内排出的卵粒，通过产卵管，直接进入小洞的底部。当第一粒卵产下后，蟋蟀为节省点力气，并不把产卵管拔出地面，而是将身体变换一下角度，使矛头偏离开先产下的卵粒，再依次产下第二、第三粒……直到身体不能再倾斜时，才将产卵管拔出地面，再锥、再产，直到把肚子里的上百粒卵全部产完，才算尽到了一生的职责。

饲养过蟋蟀的人们常说：“二尾优，三尾孬。”这是挑选好斗、喜叫蟋蟀个体的标准。

蟋蟀有二尾、三尾之分，也叫二枚子、三枚子。凡是雄蟋蟀的腹部末端，只有一对多毛的尾须，如一对尾须之间再多出一根像是长矛状的产卵管，便是不会叫、不能斗的雌蟋蟀了。只要能认清这个明显的特征，就容易鉴别蟋蟀的雄雌了。

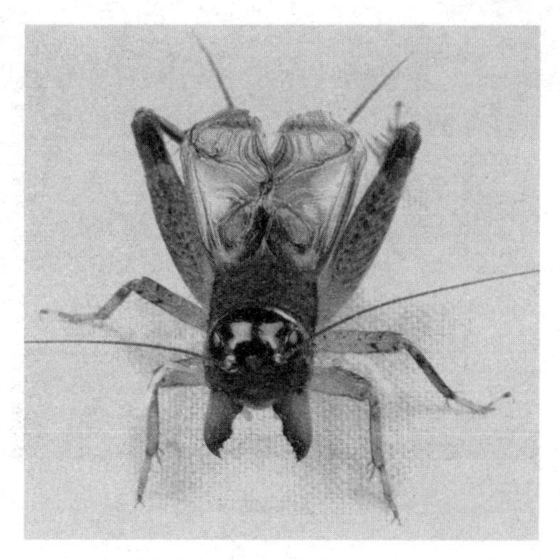

蟋　蟀

雌蝉把腹中的卵产在树木当年生长的嫩枝条上。蝉的产卵器官并不长，但是很锋利。产卵管是由一个带有倒刺和滑槽的中心片，两块带有锯齿的产卵鞘侧片组成，外面由革质化较强的第九腹板保护着。产卵时，雌蝉先用6条腿紧紧抱住树枝，伸出带锯齿的产卵鞘，刻划树枝的韧皮，并把木质部刺成小洞，带有滑槽的中心片借助腹部的压力，便把卵输送到小洞里，每洞产卵一二粒后，即移动产卵管，再重复前面的动作，直到把腹中的百余粒卵完全产出。一根细小树枝上约有20毫米长的范围内，被蝉产卵时锯得“皮开肉绽”。蝉产完卵，只是完成了生儿育女责任的一半，于是后退到有卵枝条的下方，再用产卵器官上的锯齿，将枝条的韧皮锯出一条绕枝的圆圈。由于输导水分和营养的树枝韧皮被破坏，前面一段带有卵的枝条便会枯干。寒冬来临，北风呼啸，枯干的枝条自破口处折断，落在地面上并被吹来的尘土埋没。翌年夏初进入雨季，隐藏在枝条内的蝉卵，在长时期的干渴之后，现在通过卵壳吸足水分，促使内部的胚胎发育。不久白胖的幼蝉破卵而出，挣扎着钻出枝条上的裂缝。幼蝉也不离开地面，而是用它带齿的前足，挖开土层去寻找赖以生存的“乳母”——树木的根，用它头上针状的嘴吸吮根内的汁液。蝉的这种产卵器官的构造，及其产卵方式和繁衍后代的行为，可算是达到了非常巧妙的地步。

危害小麦的叶蜂属于膜翅目，叶蜂科，它们的产卵管很像是一把带齿的锯，产卵时把足骑在叶子的侧面，伸出锯子，在叶片的两层组织间划出一条月牙形的小缝，把卵有次序地产在里面。这时可不能用力过猛，不然会把叶片刺穿，“前功尽弃”。刺穿叶片即使勉强产下，卵也会暴露在外，被天敌寄

叶蜂幼虫

生或吃掉，落了个“儿死代绝”的结果。

有着树木“卫士”称号的姬蜂，它能用头上的触角，在树干上敲敲打打，很容易地探测到隐藏在树干深处的天牛、吉丁虫等幼虫的确切位置。此时姬蜂似乎有了“囊中取物”、“唾手可得”的把握，便用足抓牢树干，摆出搭架子的姿势，前身下屈，粗壮的腹部连同产卵管高高举起，垂直地顶住树皮，头上的触角弯成锐角并紧贴在树皮上，像两根支柱，使整个身体像一台开钻前的钻井架。井架支好了，由第三产卵瓣选好钻孔，撤出并举向上方，再由第一、二产卵瓣组成带有螺旋钻头的钻锥开始钻孔。坚硬的木质只靠压力钻不进去，6 条摆成支架的腿便以钻点为中心开始转动，产卵管也随身体转起来。就这样压呀，转呀，钻呀，经过三四分钟后，约有 2 厘米深的木质被钻透，产卵管正好伸到树干内蛀食木材的幼虫身上，卵便顺着管中的滑缝产入幼虫体内。一只姬蜂要产下数十粒卵，就要探测到隐居树干深处的数十只幼虫，钻数十个产卵孔。可见姬蜂倒拖着的那根产卵管的功能之大，力量之强，耐人寻味。

也有些昆虫用来生儿育女的产卵器官，并不那么显眼，构造也较简单。如鳞翅目中的蝴蝶和蛾子，鞘翅目中的甲虫和双翅目中的蚊、蝇，它们的产卵器只是腹部末端逐渐变细的数节，互相套入，能伸能缩，这样的结构被人们称为伪产卵器。因为这些种的昆虫，并不把卵产在任何组织内，只是浅摆浮搁地把卵产在物体表面，不过这种产卵方式产下

姬　蜂

的卵，极可能会被多种天敌寄生、啃食，或受到风雨、干旱等自然灾害的毁坏，而不能转化为家族中的成员。

昆虫的内部器官

（1）呼吸系统　昆虫是以气管进行呼吸的，不断排出废气、吸进新鲜氧气以维持生命。陆生昆虫除胸部外，腹部 1～8 节的两侧体壁上，各有 1 个用来呼吸空气的小圆洞，叫做气门。气门的构造也很复杂，为了防止外界不洁物质进入，周围有较厚的骨质气门片，这是气门的门框，框内有过滤空气的毛刷和起着开或关闭气门的栅栏，相当于气门的保险门。当昆虫进入不良环境或气候突变时，便立即关上栅栏门。气门的周围边缘还有着专门用来分泌黏性油脂的腺体，是防止水分进入气门内的特殊构造。气门连接着体壁下的主管道和布满全身支气管，将新鲜空气输送到各个组织细胞中去。

生活在水中的昆虫，为适应特殊的生活环境，生长在身体两旁的气门退化了，而位于身体两端的气门相对发达。如危害水稻的根叶甲，是以腹部末端的空心针状呼吸管，插入稻根的气腔内，借助稻根中的氧来维持生命。龙虱的前翅下有贮存空气的气囊，当吸满空气后再潜入水中，便可长时间维持生命。空气接近用完时，便又上升到水面，以腹部末端翅鞘下的气孔透过水面膜，尽量充满翅鞘下的囊袋后再潜入水中，完成觅食、交配和产卵等生活过程。

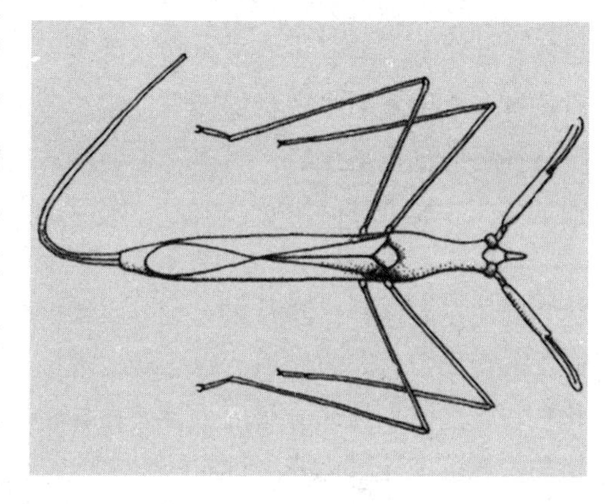

蝎　蝽

牙甲是通过触角刺破水面膜，吸入空气来充满腹面下方由许多拒水毛团绕着的气泡。水生昆虫体外携带着的气泡，不仅能够供应氧气，而且实际上形成一种物理鳃，用来吸收水中的氧。有一种叫做蝎蝽的水生昆虫，它们用来呼吸空气的是尾端拖着的那根细长管子，当它穿过水面膜时可进行呼吸。由于它们的身体细长，能贮氧的体积有限，因此常借助水生植物的茎秆，将

蝗　虫

身体固定住进行呼吸。有些种类的水生昆虫的幼虫，是通过身体两侧多毛状的气管鳃吸收水生植物进行光合作用后放出的氧来维持生命。

昆虫身体的内部构造，除气管和用来繁殖后代的精巢或卵巢外，还贯穿着完整的消化系统、神经系统和循环系统。

（2）消化系统　昆虫的消化系统是前连口腔、后达肛门的近似管状的构造。整个消化系统可分为三大段，即前肠、中肠和后肠。前肠的构造较为复杂。当昆虫进食前，食物经过口腔、咽喉、食道再送入嗉囊。生长着咀嚼口器的昆虫，在嗉囊之后还有一个用来磨碎食物的砂囊；生长着刺吸式或虹吸式口器的昆虫，因为吃到嘴里的食物是汁液，用不着再磨碎这道工序，砂囊也就退化了。

前肠之后紧接中肠（也叫胃），是消化食物的主要器官，同时也起着吸收已磨碎了的食物中营养的作用。中肠所以能消化食物，是依靠肠壁分泌的、含有比较稳定的酸性、碱性消化液进行的。

中肠末端连着后肠，后肠按其功能又可分为回肠、结肠和直肠三部分。这一大段主要起着水分的吸收、粪便的形成和把粪便通过肛门排出体外的功能。昆虫的粪便因种而异，其造型过程也是在后肠中完成的。

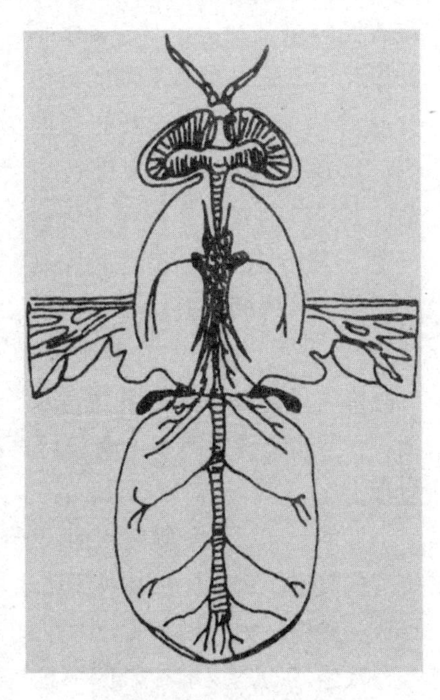
水黾的中枢神经示意图

（3）神经系统　昆虫的运动、取食、交配、呼吸、迁移、越冬、苏醒等一切生命活动主要是由神经系统来操纵的。神经系统的主要部分是中枢神经，它起着总调控和指挥的作用。由中枢神经上的各个神经节分出神经系通到内脏、肌肉及身体的各部位，并与所有感觉器官相连接。神经活动的物质基础是神经细胞，各神经细胞间因极其复杂的相互接触，将接收到的不同刺激信号传导开。在这种传递过程中，身体内的乙酰胆碱和胆碱酯酶两种物质起着十分重要的作用。没有这些物质的活动，神经和一切生理机能便都会失控，如果真到那时，生命也就中止了。

（4）循环系统　昆虫循环系统的主要器官是背管，位置在身体的背面中央，纵走于皮肤下方。昆虫的循环系统主要由心脏、大动脉、隔膜三大部分所组成。心脏是背管的主要部分，位于腹部一段，形成许多连续膨大的构造——心室。每个心室两侧有一对裂口，是血液流动时的进口，称为心门，心门边缘向内陷入的部分，是阻止血液回流的心瓣。每种昆虫心室的数量都不尽相同，一般有八九个，也有的合并或更多。如虱类昆虫的心室合并为1个，蜚蠊的心室则多达13个。

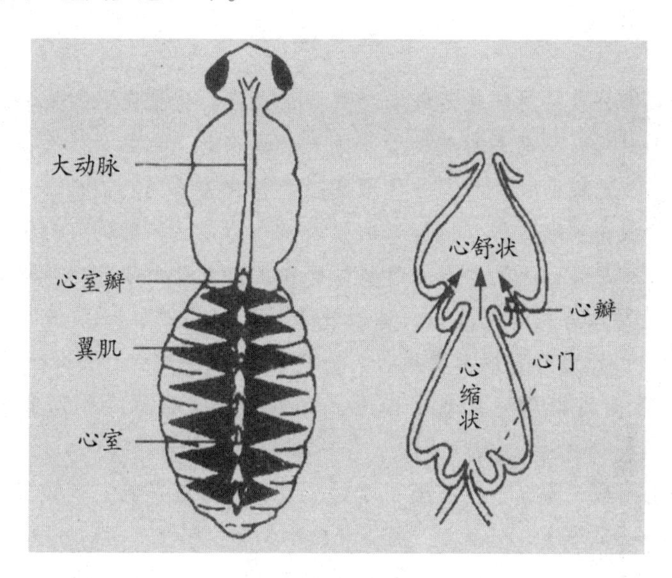

昆虫的循环系统示意图

大动脉是背管的前段，自腹部第一节向上，通过胸部直达头部。大动脉的前端分叉，开口于大脑的后方，它的主要功能是输送血液。昆虫的内部器官均位于体腔内，血液分布于整个体腔，因此，体腔也就是血腔。血腔由生在背板两侧的背隔膜和腹板两侧的腹隔膜分为3个窦。围心窦在背板下方，背隔上方，背管从中间通过。围脏窦在背隔与腹隔之间，消化道从中通过，并容纳着生殖器官。围神经窦在腹隔的下方，腹神经索从中间通过。在腹部背隔内的背管心脏部位由两层结缔组织膜构成，中间是环形肌，这些三角形的肌纤维由背板两侧达心脏腹壁，成对地排列着，这组结构叫做翼肌。翼肌的多或少与心室的数量相等。昆虫的血液循环，全靠心脏的跳动，通过心壁肌有节奏地收缩，先自后心室逐个将血液压送到前心室，如此不停地循环，维持着昆虫的生命。

综上所述，一只小小的昆虫有着如此多功能的节肢和复杂的输导网络，可称得上五脏俱全了。

附　肢

体躯具有分节的附肢是节肢动物共同的特点，昆虫在胚胎发育时几乎各体节均有1对可以发育成附肢的管状外长物或突起，到胚后发育阶段，一部分体节的附肢已经消失，一部分体节的附肢特化为不同功能的器官。如头部附肢特化为触角和取食器官，胸部的附肢特化为足，腹部的一部分附肢特化成外生殖器和尾须；不同类型的附肢尽管在形态上差别很大，各部分的名称各异，但其基本结构却很相似。通过比较附肢的构造，可以推断各类群间的演化关系，如无翅亚纲、缨尾目、石蛃属的种类 Machilis spp. 的中、后足基节上着生的指形突起就相当于三叶虫纲与多数甲壳纲动物附肢的上肢节。

昆虫的附肢多为6节，一般不超过7节，各节基部具控制该节活动的肌肉；若某个节又分成几个亚节，则亚节内不具有控制亚节活动的肌肉。

大部分情况下，昆虫的附肢着生在体节侧下方，可与周围的骨片形成关节；因此，附肢可以在一定范围内活动。也有些种类的附肢基部与体壁紧密结合而使基节失去了活动能力。

昆虫的一生

昆虫变形

有些动物的一生要经过几十年，昆虫的一生往往只在很短的时间里度过。一般的一年过完二三代，有的一年内能完成好多代，危害棉花的蚜虫，一年中就要过完20～30代。有些种类完成一代需要一年或者稍长一点时间，如危害花生等作物幼苗的黑绒金龟子，一年完成一代；危害桑树的天牛，二三年完成一代。但是，在这短短的时间里，要经过复杂的、有规律的变化，这是其他动物中十分罕见的。

一只刚从卵里孵化出来的小虫，它的形状和身体的构造如果和成虫不一样，那么在它的生长过程中，就需要经过多次不同的变化。这些变化叫做变态。

有的昆虫从卵里孵化出来后，样子同成虫差不多，变态就简单；有的相差很多，变态就复杂些。因此昆虫的变态可根据简单与复杂大致分为四类。其中完全变态和不全变态，代表着昆虫中绝大部分种类。比完全变态更复杂的过变态和比不全变态更简单的无变态是比较少见的变态类型。

(1) 完全变态又叫全变态　这类昆虫从卵里孵出来后，幼期的生活习性和结构同成虫完全不同，在一个世代中有4个完整的虫态：卵、幼虫、蛹和

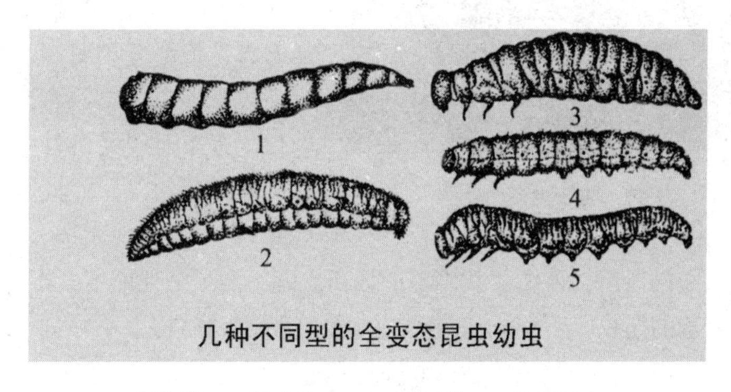

几种不同型的全变态昆虫幼虫

1. 无头型——蝇类幼虫　2. 无足型——象岬幼虫
3. 真劝虫型——叶甲幼虫　4. 蠋型——夜蛾幼虫　5. 叶蜂幼虫

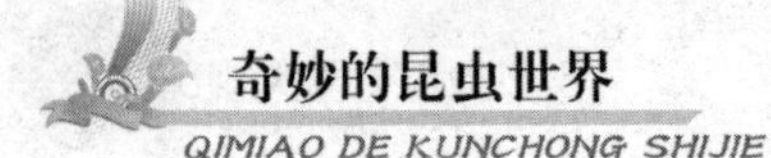

成虫。卵孵化出来的幼虫，经过几次蜕皮变作蛹，由蛹再变为成虫。这类变态的昆虫在害虫中占着很大的数量，如黏虫、玉米螟、菜青虫、蚊、蝇、金龟子等都是。

全变态昆虫的幼虫和蛹从形态结构上来看，可以再分为一些不同的类型，这些类型能帮助我们认识不同分类范畴里的昆虫种类。

无头型幼虫。头和足已经退化，身体只能见到一个分节不太明显的圆锥形筒，利用节间的伸缩向前蠕动，吃东西时利用锥形的嘴钻到食物里去，大部分蝇类的幼虫就是这样。

无足型幼虫。有明显的头，可是足看不见了，因这类幼虫都是过着比较固定的生活，不用经常移动，足就慢慢地退化了。危害甜菜的象鼻虫幼虫，潜入桃树叶里危害的桃潜叶蛾幼虫，危害树木韧皮部的小蠹幼虫，钻蛀木材的天牛、吉丁虫幼虫和木蠹蛾等的幼虫，都是这个类型。有些书上把无头型和无足型归纳在一起称为无足型。

吉丁虫

真幼虫型（也称为寡足型，就是有足但比较少的意思）。有明显的头，有3对发达的胸足，叫做真足，腹部的足没有了。移动的时候用胸足拖着身子。危害茄子的廿八星瓢虫的幼虫、危害瓜类的黄瓜守幼虫就是这个类型。

蝎型幼虫，也叫多足型。有明显的头，胸部有3对胸足，腹部有2～5对腹足的，如菜青虫和黏虫的幼虫。有8对腹足的幼虫，是膜翅目叶蜂类的幼虫，如危害麦子的麦叶蜂等。

幼虫老熟以后，就要寻找隐蔽的场所化蛹，到了蛹期就不会再移动了。

全变态的昆虫，不但幼虫期和成虫期在形态和结构上不一样，就是在生活习性上也不一样。黏虫的幼虫以庄稼的叶子为食料，成为农业上的大害虫，可是它变为成虫以后，就不再危害庄稼而只吃些花蜜。叩头虫的幼虫是危害庄稼苗子的金针虫，可是成虫期就很少吃庄稼，只取食腐烂的物质。

（2）不全变态　也叫做渐进变态。这类昆虫的幼期从卵中孵化出来以后，身体的形状、结构和生活习性大体上和成虫相像，只是经过几次蜕皮后，逐渐长大，比较显著的是翅膀由小翅芽发育到能飞的大翅膀，生殖器官由不成熟发育到成熟，中间没有显著的变态，也就是在幼期到成虫之间，没有经过蛹的时期。这类昆虫在害虫中有许多种，如蝗虫、棉蚜、稻飞虱等。幼虫期在水中生活的种类，如蜻蜓、蜉蝣等也属于这一类。不完全变态昆虫的幼期生活在陆地上的叫若虫，生活在水中的叫稚虫。

（3）过变态　以红眼黑盖虫（芫菁）为例。它的成虫是大豆、菜豆和土豆等庄稼的害虫，可是它们的幼虫却是专门吃蝗虫卵的益虫。这种虫子的一生变化比全变态更复杂，幼虫型也不完全一样。第一龄幼虫长着长腿，这是为了适应寻找食料的需要。当找到了蝗虫的卵块作为一生的食料后，长腿不再有用，到了第二龄时就变成了短腿。过冬的时候为了防寒，又变成有硬壳的假蛹。来年春天再变成真蛹，羽化为成虫。这种变态叫做过变态或者复变态，意思是比完全变态又复杂了些。

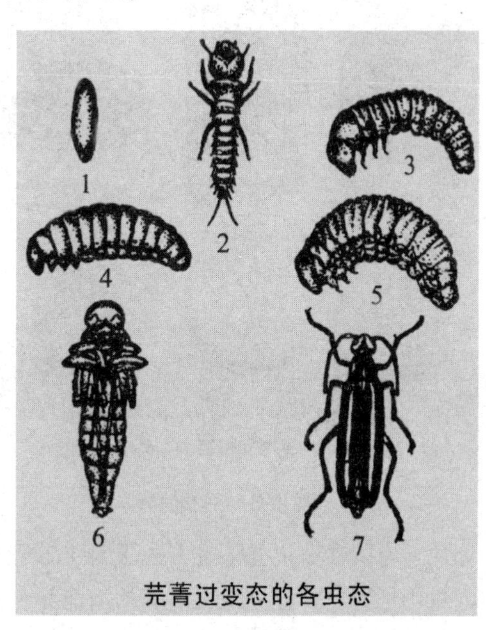

芫菁过变态的各虫态

1. 卵　2. 蛃型　3. 蛴螬型　4. 假蛹——像型蛘　5. 蛴螬型　6. 真蛹　7. 成虫

（4）无变态　这一个类型的昆虫，从卵里孵化出来以后，身体的形状和成虫十分相似，从幼期到成虫没有翅芽长成大翅的变化，只是由小长到大，生殖器官由不完全到发育成熟。咬衣服和纸张的衣鱼，还有跳虫、双尾虫，就属于这类变态，一般叫做无变态。在常见的农业害虫中，很少有这种变态的种类。

昆虫的成长

昆虫由小到大，大部分种类都要经过几个不同虫态的变化。从卵里孵出幼小虫体的过程叫孵化。幼小虫体经过几次蜕皮，慢慢地由小长到大，长到最大的时候叫老熟幼虫。全变态的老熟幼虫在变作成虫以前，中间还要有个蛹期。由老熟幼虫到变蛹的过程叫化蛹。蛹期虽然不吃不动，但内部却发生激烈的变化，因此蛹期是昆虫由幼虫到成虫的转变阶段。最后由蛹变成能跳会飞的成虫过程，叫做羽化。在变化过程中，卵、幼虫、蛹和成虫的形态都不相同，每个不同的形态叫做一个虫态。

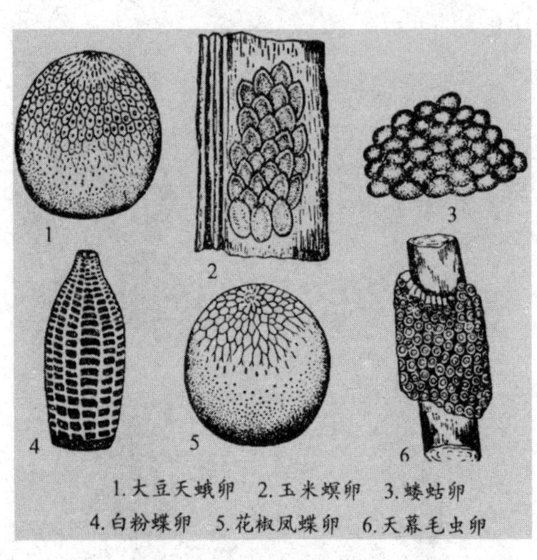

昆虫各种形状的卵

(1) 卵　卵自身不能移动，因此，成虫产卵的时候需要选择适宜后代生存的地方，一般是把卵产在可以供应幼期吃住的寄主处。不同种类的昆虫，产的卵也不相同，有的单粒散产，如危害大豆的天蛾；有的许多粒产在一起叫做卵块，如玉米螟、黏虫的卵；有的许多粒产成一堆，如蝼蛄的卵。当卵成块或成堆产下时，成虫常用种种方法加以保护，有的在卵块上覆盖有分泌物所形成的保护层，如苹果巢蛾的卵块；有的在卵块上覆盖着成虫身上脱落的鳞毛，如三化螟和毒蛾的卵块；蝗虫则把卵产在分泌物所形成的泡沫塑料状的卵袋里。卵的形状有的长，如白粉蝶的卵；有的圆球状，如花椒凤蝶的卵；有的扁形象个西瓜子，如玉米螟的卵；有的许多粒在树枝上排列成指环形，如天幕毛虫的卵。有的卵粒很大，如金龟子的卵，在卵壁内贮备了胚胎发育时所需要的大量营养物质；有的卵粒很小，如卵寄生蜂，能用产卵管把它的形体很小的卵产在其他昆虫的卵内。产在寄主表面的卵，幼虫孵化后虽能立即得到食料，但易于用杀卵剂防治。而产在隐蔽处的和外有保护物体的卵，卵期内既不受恶劣气候的影响又不受天敌的损害，也不易施药防治。

不论哪种形状的卵，它们的构造大致相同，外面包着一层坚硬的皮，叫做卵壳，起着保护的作用，靠近卵壳里面的一层薄膜，叫卵黄膜，里面贮藏有营养的原生质和卵黄；中间有个细胞核，在适宜的温湿度下经过一段时间

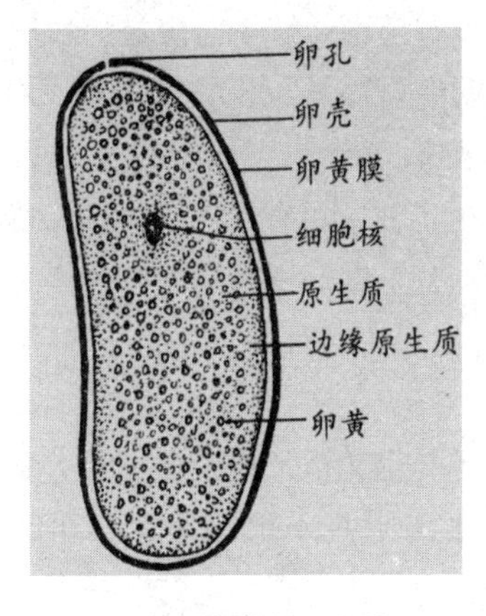

昆虫卵的模式构造

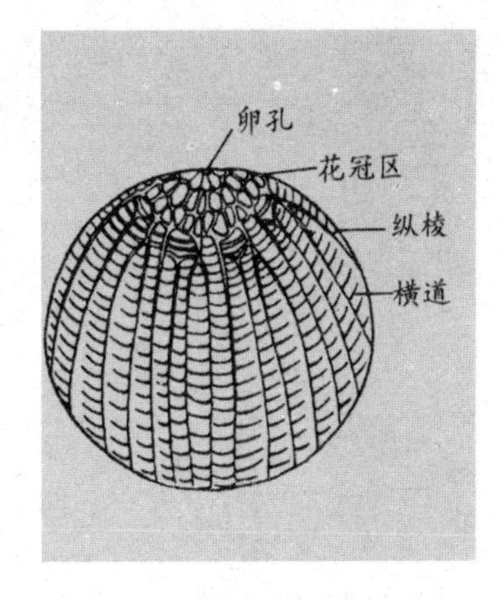

鳞翅目夜蛾卵的卵孔和构造

的发育，成为胚胎。

在放大镜或显微镜下细看，在卵的顶端有个小孔，叫做卵孔，是雄雌交配时精子进入卵内的通道。各种卵壳上都有不同形状的条纹、短毛和刺。靠近卵孔周围有各种花瓣形的纹，叫花冠区。花冠区的外围有各种纵棱和横格。从这些特征可以区别不同种类的卵。

卵期是昆虫胚胎时期。从卵的外表看似乎是静止的，其实内部在进行着激烈的变化。

一般昆虫刚产下来的卵是白色、淡黄色或者淡绿色的，过些时候便变成灰黄色、灰色或者黑色，颜色的变化是卵里面的胚胎发育引起的。胚胎发育成熟以后，卵壳里的幼虫便用牙齿或头上的角、背上的刺把卵壳咬开或划破，先把头伸出来，然后全身爬了出来。

卵的孵化时间很不一致，有的在白天孵化，有的在天黑以后或者晚上才孵化。

害虫的卵期，尚不能造成危害，我们应该设法在卵期消灭害虫，把害虫消灭在危害以前。

（2）幼虫　全变态种类幼虫的身体构造比较一致。生长在最前面的是头，头部比较明显的附肢是嘴和触角。不过幼虫时期的触角比起成虫来要短得多。头后面是胸，分为 3 个小节，每个节上长着 1 对足，将来就变成成虫的 3 对足。胸部后面到尾部的一段比较长，一般有 10 节，叫做腹部。鳞翅目的幼虫一般腹部长着 5 对足，如黏虫的幼虫，中间的 4 对叫腹足，从腹部的第三节

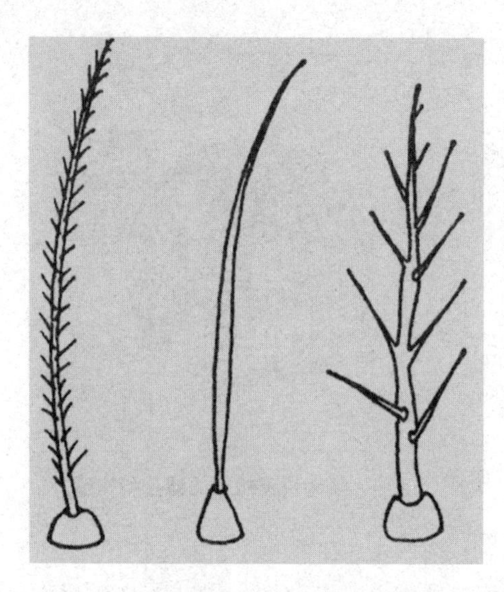

幼虫身体上各种形状的毛

到第六节每节都长着1对腹足，最后面的1对叫做尾足。有的只有1对腹足，长在第六节上，如槐树上的尺蠖，又叫步曲，俗称“吊死鬼”。腹部上的这些足在幼虫时期才有，变为成虫以后就消失了，因此也叫做假足。

腹足长得又粗又圆，在足的下面长着许多肉眼看不清的小钩，叫趾钩，幼虫就是依靠腹足上的这些小钩在寄主上爬行。

幼虫身体上还有各种形状的毛，叫做刚毛，有的像丝、有的像刺、有的像羽毛。此外，还有顺着身体纵行的不同颜色的条纹和花斑，在中央的一条叫背线，背线下面的一条叫亚背线，亚背线下面气门上面的一条叫气门上线，气门上的一条叫气门线，气门下面的一条叫气门下线，再下面的一条叫亚腹线，两只腹足中间的一条叫做腹线。知道了幼虫身体上的附肢和花纹的位置、名称，在交流虫情的时候，就可以用来作这方面的描述，使人们比较容易识别出是什么昆虫来。

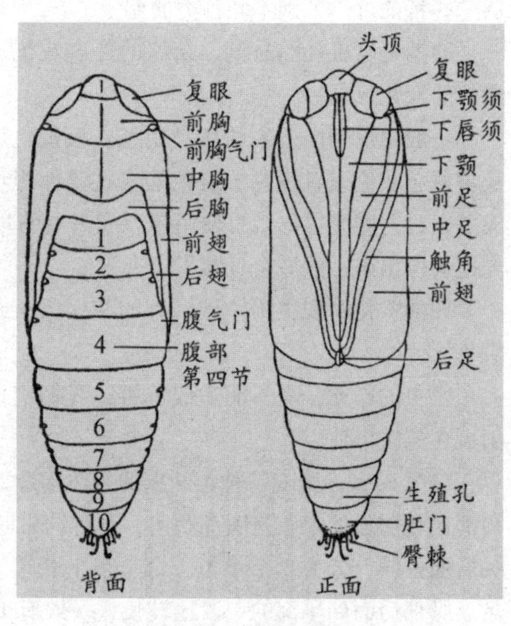

鳞翅目昆虫蛹各部位名称

幼虫期是昆虫的主要取食阶段，一般这个阶段经历的时间也比较长，因为幼虫期是为以后各虫态发育储备营养的基本虫态。

（3）蛹　是完全变态类幼

虫过渡到成虫的一个中间虫态。幼虫老熟后，便停止取食，并将消化系统中的食物残渣完全排出，进入隐蔽场所准备化蛹。幼虫在化蛹前呈安静状态，这段时间叫做预蛹期。这时昆虫身体的外部结构在旧的表皮下，经过急剧的变化，然后蜕去幼期虫态的皮化作蛹。

蛹期是昆虫发育过程中的又一个相对静止时期。这时的内部器官正进行着根本性的改造，先破坏掉幼虫时期的绝大部分内部器官，以新的成虫形态的器官来代替，担任这种破坏任务的，是血液中的血细胞。幼虫期强烈取食所积累的营养物质，是蛹期生命活动能量的来源。

昆虫在蛹期完全不动或少动。鳞翅目昆虫的蛹，只有腹部的第四到六节可以前后左右摆动。蛹的外面也包着一层透明的皮，在蛹将要化为成虫以前，一般从皮外就可看到成虫的模样了。蛹的最上面是头，头上有一对大眼和下颚须，中间的一段大部分是胸部，胸上的附肢大部分在前面抱着，并把腹部的一部分盖住。这一段里有下颚须、3 对胸足、触角和将来变成翅膀的部分，这些附肢下面是腹部第四节。在腹部第八或者第九节上有个小洞，是将来成虫的生殖孔，我们可用它来辨别雌雄。这个小洞生在第八节上的将来变成雌蛾，生在第九节上的将来变成雄蛾。第十节以后的末端有些小毛或刺，叫做臀棘，用以扒住茧或者贴在物体上。

有些种类的蛹外面包着一层东西，有的是老熟幼虫身体上分泌的黏液和泥土的混合物，有的是幼虫老熟的时候吐出来的丝，这层东西叫做茧。茧的用途是保护蛹的安全，预防气候突然变化。

蚂蚁及裸蛹

蛹的形状很多，大致可以分成 3 种。

裸蛹：在这种蛹上，可以看到一些将来变为成虫时期的附肢裸露在外面，这些附肢虽然紧贴在蛹体上，可是又彼此游离能够自由活动，如蛴螬和许多种叶岬、象鼻虫的蛹都是这样，其中主要是鞘翅目和膜翅目昆虫的蛹。

被蛹：成虫时期的附肢，被一层坚硬而又透明的皮包着，虽然外面能看

被 蛹

到附肢的影像，但附肢不能自由活动，如蛾类和蝶类的蛹。蝶类的蛹由于附着在物体上的形式不同，还可再分为带蛹和垂蛹。蝴蝶的老熟幼虫找到适当的化蛹地点以后，先在物体上吐些有黏液的丝，再将腹部末端与丝粘住，同时为了使头部向上避免掉下来，又围着身体和附着物牵上一根带子一样的丝，因此叫做带蛹。另一种蛹只是用黏液状的丝将腹部末端与物体粘连着，头向下倒垂着，叫做垂蛹。

围蛹：这种蛹被末龄幼虫的一层皮包着，不只身上的附肢不能活动，而且从蛹皮外也看不见，例如双翅目蝇类的蛹。

蛹一般不会动，也不造成危害，设法消灭害虫的蛹，可防止害虫将来造成危害。

（4）成虫　成虫是昆虫一生中的最后一个阶段，其主要任务是交配、产卵以繁殖后代。有许多种昆虫在成虫时期，生殖腺体已经成熟即能交配产卵，当完成生殖任务后即死去。但还有些种类的昆虫，刚羽化后大部分卵尚未成熟，还要经过取食，积累卵发育所需要补充的营养。

蠼螋成虫

昆虫到了成虫期，样子已经固定，不再发生变化，这时雄雌性的区别也表现出来了。雄的触角一般比雌的要发达，感觉器也较多，这些感觉器能在很远的距离嗅到雌性生殖腺所散发的气味而被诱来交配。如小地老虎雌蛾触角为线状，雄蛾则为羽毛状；一种金龟子雄虫的触角显著比雌虫的大，上面有感觉器5万个，能在700米内找到雌虫，而雌虫触角上的感觉器只有8000个。此外，有的还表现在生活方式和行为上，如蝗虫、蝉、螽蟖等雄虫能鸣叫，可是雌虫没有这种能力。相反，雌虫能挑选将来幼虫所适应的寄主去产卵，有的种类如蝼蛄、蠼螋等雌虫对所产的卵和三龄前幼虫加以保护和饲养，这是雄虫所办不到的。

雄虫的身体一般比雌虫小而活跃，颜色比较鲜艳。这些现象到成虫期都达到了高度的发展，因此区分昆虫种类时常常以成虫为依据。

许多成虫不危害或危害不大，但却能大量繁殖后代，令危害蔓延。所以我们要特别注意消灭害虫的成虫。

昆虫的龄期和蜕皮

一只昆虫从卵孵化成为幼虫。幼虫期要蜕几次皮，每蜕一次皮就增加一龄，就像高等动物长大一岁一样。刚从卵里孵出来的小虫叫第一龄，蜕过第一次皮叫做二龄，蜕过第二次皮叫三龄，照此推下去，把幼虫蜕皮的次数加上一就是幼虫的龄期。从蜕完第一次皮到蜕第二次皮之间的时间叫做龄期。幼虫蜕皮的次数不完全一样，有的蜕二三次皮，有的蜕五六次皮，大部分蜕四五次。幼龄幼虫食量小，一般尚未造成严重危害，抗药力也小，所以最好把害虫消灭在幼龄期，有些害虫要消灭在三龄前。

成虫蜜蜂的外骨骼形态

昆虫为什么要蜕皮呢？因为昆虫不具有高等动物的骨骼系统，在它们的身体上担负着骨骼作用的构造是体壳，体壳兼有皮肤和骨骼两种作用，因此叫做外骨骼或体壁。体壁在昆虫身体各部分的厚薄不同，厚的和硬的部分叫做骨片，薄的软的部分叫膜。

由于这层皮的限制，当幼虫长到一定阶段虫体不能再长大，就要蜕掉旧皮，换上新皮才能继续生长。昆虫蜕皮就成为生命中不可少的环节。由于昆虫的皮是由新陈代谢的产物造成的，所以蜕皮也有排泄的作用。蜕去的皮只

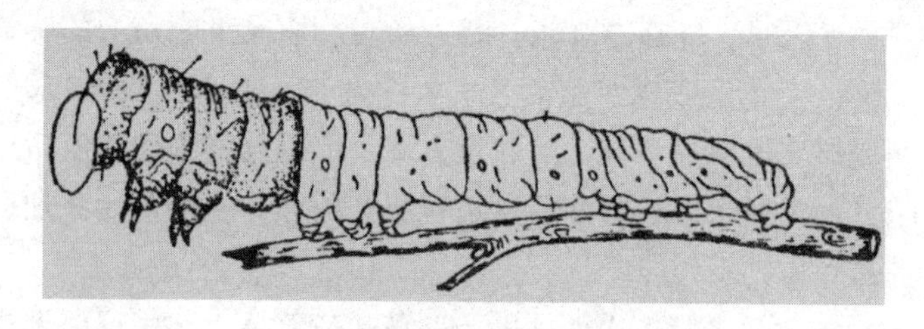

昆虫目幼虫蜕皮的形状

是表皮层而真皮细胞并不蜕掉。刚蜕去皮的幼虫抗药力较弱，很多种幼虫又有吃去所蜕的皮的习性，所以在害虫蜕皮期间施药效果较好。

昆虫的皮虽然很薄，但分层结构还很复杂。一般分为上表皮、外表皮和内表皮三层，上表皮是最外面、最薄的一层，它对阻止水分和农药进入体内起着重要的作用；外表皮是骨化层，骨片的硬化部分就在这里发生，因此颜色也偏深；内表皮最厚，有些种类还可分为许多层。

昆虫要蜕皮时生理上发生了变化，最先表现的是停止取食，然后找个适合的地方，用足紧紧抓住，不吃不动地过上一段时间。在这段时间里，身体内的分泌器官分泌出一种叫激素的物质，把旧皮和真皮细胞分离开，在旧表皮下面渐渐形成新的表皮。新表皮形成后，便用力收缩腹部肌肉，同时吸进空气，使胸部膨胀向上拱起，用来压迫旧头壳和胸部背上表皮特别脆弱的地方，把旧头壳顶下来或者从背上裂条缝，然后靠着身体的蠕动，先把头和前胸蜕出来，以后胸部、腹部慢慢地把旧皮蜕掉。在水中生活的昆虫要蜕皮时，除了身体内部产生蜕皮激素以外，还借在水中呼吸空气的气囊压力，使身体膨胀，压迫背部裂条缝把皮蜕下来。

昆虫蜕下来的皮是背部有裂缝的空皮筒。昆虫什么时候蜕皮和蜕皮所需要的时间各不相同。有的 5 分钟就能蜕下来，如蚜虫；有的需一两个小时，如蝈蝈；有的半天到一天才能蜕完。

昆虫刚蜕完皮后，新表皮的颜色很浅，也很柔软，但通过很短时间就会变暗变硬。这个过程实际上是上表皮中的蛋白质被鞣化的结果。昆虫蜕皮后，内表皮还很薄，随着身体的生长也在不断地加厚。除此以外，不同种类昆虫的表皮上还会生长着不同形状的刚毛和枝刺，有的还能分泌蜡质。昆虫就借着这些附属物和表皮来保护身体内的水分，减少消耗，避免外界的有毒物质浸入身体并防止表皮受到损伤。

当杀虫剂接触害虫体后，就从体壁进入体内使它中毒死亡。不利的方面是：体壁外面的毛、鳞片和刺等是第一道障碍；体壁硬而厚又有较厚的蜡质层是第二道障碍；很多种甲虫，不但外壳坚硬，而且在翅鞘下面还有一空隙，也是农药进入虫体的障碍。有利的方面是：幼龄幼虫体壁较薄，抗药力就小。一般说来，同一昆虫的膜区体壁较骨片为薄；感觉器的体壁是最薄的，尤其是触角、足和门器的表面。每个感觉器就好像一个小窗子，那里的表皮最薄，里面连着司感觉的神经，所以感觉器就成了农药进入虫体的“通道”。很多接触杀虫剂都属于神经性毒剂，当杀虫剂进入这些通道后。就直接与神经接触，害虫很快就中毒了。上表皮的蜡质能够阻止水分、砷毒剂和氟素剂等无机杀虫剂透过，但多数脂溶性的有机杀虫剂易于通过蜡质层进入虫体，很多油类杀虫剂也易与蜡质混合并破坏蜡质的结构透入虫体。一般乳剂比可湿性粉剂的杀虫效果高，就是因为乳剂中的油起了运送的作用。因此，使用接触杀虫剂时要考虑昆虫的体壁情况，以提高杀虫效果。

前面说过，昆虫的一生要经过卵、幼虫、蛹和成虫（有的没有蛹）几个虫态。一只昆虫完成了这四个虫态，就算过完了一个完整的世代。如危害白菜的白粉蝶，从成虫产下来的卵，经过吃青菜的幼虫，变成不能移动的蛹，最后羽化为会飞的白粉蝶，这就是菜青虫的一个世代。

不论哪种昆虫，一般说一年中发生的世代越多，危害的时间也就越长，造成严重危害的可能性也就越大。

卵细胞

卵细胞，又称卵、卵子，是雌性生物的生殖细胞。动物和种子植物都会有卵细胞。在高等生物上，卵细胞是由卵巢所产生的。所有哺乳类在出生时，卵巢内已经有未成熟的卵细胞存在，而且在出生后卵子数目不会增加。卵子和精子结合受精便形成受精卵，即一个新生命的开始。一些动物（例如鸟类）是进行体内受精的，而另一些动物（例如大部分的鱼类）则是进行体外受精。对人类的繁衍而言，必不可少的要数卵子了。卵子是人体最大的细胞，也是女性独有的细胞，是产生新生命的母细胞。

昆虫之间的交流

地球上只有人类——最有智慧的高等动物才真正会使用语言。语言在人类的日常交往中起着重要作用。在电信科学发达后，人们即使相距甚远，也仍然可以依靠有线、无线电话联系。

昆虫可不是这样，虽有口但不能从嘴里发出声音来。那么它们是怎样在同族间，特别是在两性间传递寻偶、觅食、防卫和避敌等信息的呢？原来昆虫有着多种多样不用言传的神奇语言。

萤火虫

(1)“化学语言” 昆虫传递信息的主要形式，是利用灵敏的嗅觉器官识别一些信息化合物。昆虫不像高等动物具有专门用来闻味的鼻子。它们的嗅觉器官大多集中在头部前面的那对须须——触角上。

生长在触角上的化学物质感受器官，是它们的嗅觉器官。不同种类昆虫的触角形状不同，长在上面的嗅觉器官样子也不一样，有的像板块，有的呈尖锥形，有的像凹下去的空腔，有的就像鸡身上的羽毛。

一些雄蛾的感受器是羽毛状的，就像电视机上的天线，可左右上下不停地摆动，以接受来自不同方位的气味。据科学家们验证，家蚕雄蛾的一根触角上，约有1.6万个毛状感觉器。蜜蜂一根触角上的感受器可多达3000～30000个。它们接受气味的能力非同小可。舞毒蛾的雄性可感受到500米以外雌蛾释放出来的气味。一种天蛾能感受到几里以外同种异性的气味，其敏感程度足以达到单个分子的水平。昆虫利用气味传递信息的方式，叫做“化学语言”。

蚂蚁（属膜翅目，蚁科），是人们经常见到的生活在地穴中的社会性昆虫。蚂蚁出巢寻找食物，总要先派出“侦察兵”。最先找到食物的，在返巢报信的途中，遇到同巢的成员时，先用触角互相碰撞，然后再用触角闻几下地面，这样不但通过气味信息传递了食物的体积大小、存在的方向和位置，而且也指出了通向食物的路径。蚂蚁的这种通讯方式，被称为“信息化合物语言”。这种语言只是在同一种昆虫之间传递。

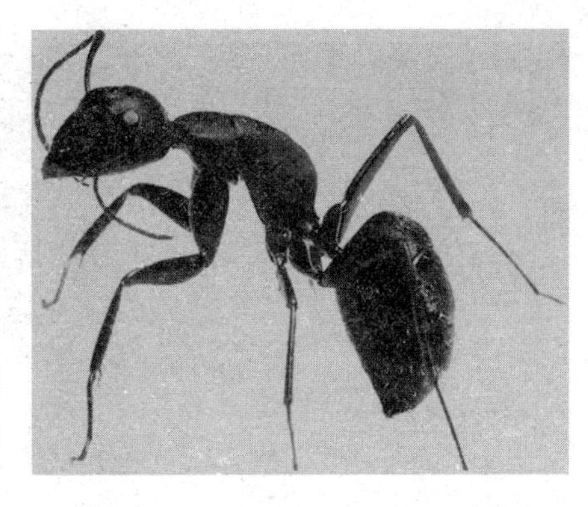

蚂 蚁

一般昆虫释放的信息素可分为性信息素、报警信息素、追踪信息素和聚集信息素等。

①性信息素：松毛虫（属鳞翅目，枯叶蛾科）是松树的大敌。其大量繁殖时，常将松针吃光，其惨状酷似“过火林”。人们利用雌蛾释放出来的性信息素防治它，可收到很好的效果。方法是将雌蛾装入纱笼中，悬挂在松林内。当雌蛾释放的化学气味借助风力和空气流动传递给雄蛾时，不但告诉它雌蛾的存在，而且连位置、距离远近都一清二楚地传递了出来，便于雄蛾追踪。

近几年，不少果园在利用人工合成的梨小食心虫（属鳞翅目，卷蛾科）性信息素时，发现了一个有趣的现象，当果农傍晚从果园中穿过时，梨小食心虫成虫总是跟随他们飞舞，甚至用手逐赶也不肯离去，有的还竞相往果农口袋里钻。后来才悟出其中奥秘。原来果农的口袋里曾经装过人工合成的梨小食心虫诱芯，诱芯散发出来的气味经久不散，导致了上述现象的出现。性信息素这一看不见、摸不着、人闻不到的特殊气味，在同种昆虫之间却有着如此强烈的“爱也爱不够”的魅力。

同是一种蛾子释放出来的性信息素，成分结构却十分复杂，作用也不尽相同。有的2或3个组分，有的7或8个组分。越是组分多，显示在气味语言中的作用越离奇。雌蛾用性信息素把雄蛾诱来，雄蛾在它身旁停下求爱、交配。这多情多意的过程，就是利用释放性信息素的不同组分或不同浓度，来表达不同的“语言”的。

②报警信息素：万里长城上的烽火台，是古代人类用来报警的建筑。那时的人们在发现异常情况或受到外敌侵袭时，总是用呐喊、敲锣、击鼓、鸣号、放烟火等手段报警。现代的报警装置有电铃、电话、电传等。

昆虫的报警则是释放一种多属于萜（tiē）烯类的化学物质，它能以此巧

蚜　虫

妙地告诉同伙，灾难来临，要提高警惕，设法自卫或逃避。

蚜虫（属同翅目，蚜科）的体型很小，只能以毫米计算，但它们的报警能力却很强。当蚜群遇到天敌来袭时，最早发现敌害的蚜虫表现兴奋，肢体摆动，并及时释放出报警信息素。同伙接到信息后，便纷纷逃离或掉落地上隐蔽。

有句俗话说："捅了马蜂窝，定要挨蜂蜇。"马蜂蜇人，名不虚传，特别是一种非洲蜂与巴西蜂杂交产生的叫做"杀人蜂"的蜜蜂，它们的后代不但毒性强，而且性情凶猛，曾蜇死数百人畜。在实验过程中逃跑的一些蜂，开始在亚马孙河流域迅速繁殖，不久即蔓延到巴西各地，疯狂袭击人畜。它们随后即向南美大陆进军，甚至有侵入美国南部各州的趋势。因而美洲一些国家不得不考虑对付这些毒蜂的策略。这种群袭人畜的疯狂行为，也是报警信息素在起着作用。

即使是一些不知名的马蜂，自卫的本能和警惕性也很高，只要侵犯了它们的生存利益，担任警戒任务的马蜂，会立即向你袭来。一旦被一只马蜂蜇了，就会很快遭到成群马蜂的围攻。这是因为马蜂蜇人时，蜇针与报警信息素会同时留在人的皮肤里。人被蜇后的最初反应是捕打，信息素的气味便借助打蜂时的挥舞动作扩散到空气中，其他马蜂闻到这种气味后，即刻处于激怒的骚动状态，并能迅速而有效地组织攻击。

通过对马蜂释放的报警信息素的提取化验，已知道其主要成分属于醋酸戊酯，有香蕉油气味。因此，一旦被马蜂蜇后，可用5%的氨水或含碱性物质擦洗，有止痛消肿的作用，这是酸碱中和的结果。

③追踪信息素：一些过着有组织的社会性生活的昆虫，常分泌这种信息物质，借以指引同伙寻找食物或归巢。有一种火蚁，在它们外出时，不断用蜇针在地面上涂抹，遗留下有气味的痕迹，形成一条"信息走廊"。无论寻食或归巢便都沿着这条走廊往返通行，从无差错。

蜜蜂外出采蜜时，当一只工蜂发现蜜源后，便在蜜源附近释放出追踪信息素，用来招引其他蜜蜂。即便是携蜜回巢后。仍可靠这种信息，往返于蜂巢与蜜源之间。据观察，这种信息可传递数百米远。已经查明蜜蜂释放的信息素的主要成分是柠檬醛和牻（māng）牛儿醇化学物质。

蜜　蜂

白蚁以木材为主要食料。当它们在寻找适合的木材和生活环境时，常是有次序地成行结队按一定路线行进，人们称之为“蚁路”。蚁路是由工蚁腹部第五节的腹面分泌的“追踪信息素”涂抹成的长久不衰的信息路。

科学工作者曾做过这样的实验：将蚂蚁的追踪信息素涂在蚁洞外，可引诱一些蚂蚁出洞，涂抹的浓度高，它们便倾巢而出。甚至能将大腹便便的蚁后引出洞外。如果把这种化学物质在地上涂成个大圆圈，蚂蚁便沿着这个圆圈不停地转起来。

④聚集信息素（也叫集结信息素）：它的作用就像吹集合号一样。属于鞘翅目，小蠹科的小蠹虫，专门在长势较弱的树木皮下造成危害。当少数个体找到适合它们寄生的树木时，便从后肠释放出一种信息素，这种化学物质与寄主树的萜烯类化合物互相作用后，就能发出集合的信号，使远处分散的同类聚集飞来，集体取食危害。当所生存的寄主树木的营养降低，或条件变劣时，在原寄主上的小蠹成虫又开始分泌这种物质，意在告诉同伙，这里已不适宜生存了，该搬家了。于是它们能在很短的时间内，纷纷钻出树皮，成群结队飞迁到更适合的树林中去生活。

蜜　蜂

（2）“舞蹈语言”　蜜蜂往返花间，采集花粉归巢酿蜜。同时又为植物传粉做媒，使其结果传代，因而成为人类生活中的好帮手。

蜜蜂经过长期驯养，已成为蜂箱中的固定住户。它是怎样找到远处蜜源植物，又是如何判断蜜源的方向和距离呢？过去人们对蜜蜂的这种生活本能了解得很少。直到19世纪20年代，奥地利的著名昆虫学家弗里希对蜜蜂的活动进行了细心的观察和研究后，才揭示了这一鲜为人知的秘密。原来蜜蜂除利用追踪信息素寻找蜜源外，还用一种特殊的“舞蹈语言”来传递信息。

蜜　蜂

在蜜蜂的社会生活中，工蜂担负着筑巢、采粉、酿蜜、育儿的繁重任务。大批工蜂出巢采蜜前先派出“侦察蜂”去寻找蜜源。侦察蜂找到距蜂箱100米以内的蜜源时，即回巢报信，除留有追踪信息外，还在蜂巢上交替性地向左或向右转着小圆圈，以“圆舞”的方式爬行。其他工蜂领略了侦察蜂的意图后，便跟随它到蜂箱四周去寻觅有香味的花朵。如果蜜源在距蜂箱百米以外，侦察蜂便改变舞姿，在蜂巢上先沿直线爬行，再向左、右呈弧状爬行，这样交错进行。直线爬行时，腹部向两边摆动，称为“摆尾舞”。如果将全部爬行路线相连，很像个横写的“8”，即“∞”，所以也叫“8字舞”。直线爬行的时间越长，表示距离蜜源越远。直线爬行持续1秒钟，表示距离蜜源约500米；持续2秒，则约1000米。侦察蜂在做这种表演时，周围的工蜂会伸出头上的须须，争先与舞蹈者的身体碰撞，这也许是从它那里了解信息吧！

侦察蜂跳的“摆尾舞”，不但可以表示距离蜜源的远近，也起着指定方向的作用。蜜源的方向是靠跳“摆尾舞”时的中轴线在蜂巢中形成的角度来表示的。如果蜜源的位置处在向着太阳的方向，便做出头向上的爬行动作；如果蜜源在太阳的相反方向，便做着头向下的爬行动作。为了适应太阳的相对位置与蜜源角度的不断变化，舞蹈时直线爬行的方向也要随时以向着太阳的逆时针方向转动的方法加以调整。太阳的方位角每小时变化15°，蜜蜂的直线方向也要相应逆时针转动15°。如遇阴雨天，利用舞蹈定位的方法就有点失

灵。蜜蜂还会及时变换招数，依靠天空反射的偏振光束来确定方位，及时回巢。

人们也许要问，工蜂在黑洞洞的蜂箱里表演的各种舞蹈动作，其他同伙是怎样领会到的呢？原来它们是利用头上颤抖的触角抚摸工蜂身体时，使“舞蹈语言”转换成“接触语言”而获得信息的。这种传递方法，有时也会失灵。为此它们还要利用翅的不断振动，发出不同频率的“嗡嗡”声，用来补充“舞蹈语言”的不足和加强语气的表达能力。

鳞翅目昆虫中的蝶类，也常以“舞蹈语言”来表达同种异性之间的情谊。雌、雄蝶自蛹中羽化出来后，便选择风和日丽、阳光明媚的天气，在林间旷野和百花丛中追逐嬉戏。它们时高时低，时远时近，形影不离地跳着“求爱舞蹈”，以表达各自的衷情。尽情飞舞后，便挑选将来“儿女”们喜爱的寄主植物停留下来，用触角互相抚摸。当雌虫接受求爱后，才开始“洞房花烛之欢”。雄蝶离去后，雌蝶方产下粒粒受精卵，达到传宗接代的目的。

四点斑蝶的求爱“舞蹈语言”更为奇特。当雄、雌个体性成熟后相互接近时，雄蝶便温情脉脉地扇动双翅，在雌蝶周围缓慢地作半圆圈飞舞，以示求爱。雄蝶飞舞几圈后，雌蝶便不停地摆动触角，以表示接受求爱。此时两者靠近，互相用足和触角去触碰对方的翅缘。然后才安静下来，共享欢乐。

蜜蜂的种类

雌雄软尾凤蝶，可以说是天生一对，地成一双。雄蝶体色素雅，白衣白裙，衬有黑、红花斑；雌蝶体色浓艳绚丽，黑衣褐裙，镶嵌红色花边。自蛹中羽化为蝶后，它们情投意合，形影不离，流连于花间，用“舞蹈语言”互相倾诉柔情。传说中梁山伯与祝英台所化之蝶，就是美丽的软尾凤蝶。

（3）“灯语”　以灯光代替语言传达信息，在人类生活中早已有之。特别是指挥交通的各种灯光信号，保障了交通安全。就连儿童都知道：“绿灯走，红灯停，要是黄灯等一等”。

其实，早在人类发明灯语之前，身体渺小的昆虫就已经巧妙地利用灯语进行通讯联络了。

萤火虫

夏日黄昏，山涧草丛，灌木林间，常见有一盏盏悬挂在空中的小灯，像是与繁星争辉，又像是对对情侣提灯夜游。如果你用小网，把“小灯”罩住，便会看到它是一种身披硬壳的小甲虫。由于它的腹都末端能发出点点荧光，人们便给它起了个形象的名字——萤火虫。

萤火虫在昆虫大家族中属于鞘翅目，萤科。它们的远房或近亲约有 2000 种。

萤火虫是一种神奇而又美丽的昆虫。修长略扁的身体上带有蓝绿色光泽，头上一对带有小齿的触须分为 11 个小节。有 3 对纤细、善于爬行的足。雄的翅鞘发达，后翅像把扇面，平时折叠在前翅下，只有飞翔时才伸展开；雌的翅短或无翅。

萤火虫的一生，经过卵、幼虫、蛹、成虫四个完全不同的虫态，属完全变态类昆虫。

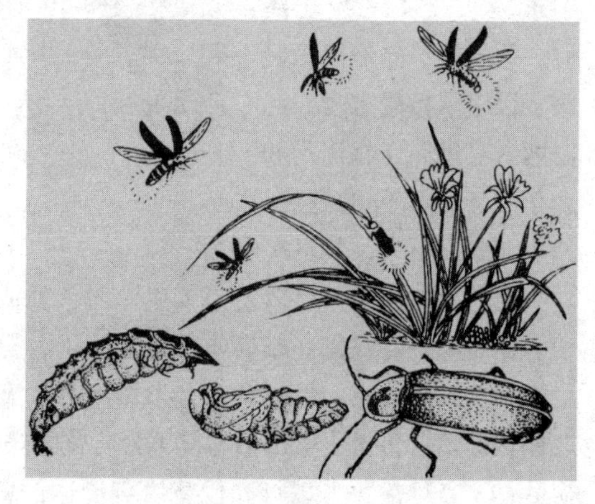
萤火虫的一生图示

萤火虫怎样发光？发光的用意是什么？这些都是少年朋友们感兴趣的问题。萤火虫的发光器官，生长在腹部的第六节和第七节之间。从外表看只是层银灰色的透明薄膜，如果把这层薄膜揭开在放大镜下观察，便可见到数以千计的发光细胞，再下面是反光层，在发光细胞周围密布着小气管和密密麻麻的纤细神经分支。发光细胞中的主要物质是荧光素和荧光酶。当萤火虫开始活动时，呼吸加快，体内吸进大量氧气，氧气通过小气管进入发光细胞，荧光素在细胞内与起着催化剂作用的荧光酶互相作用时，荧光素就会活化，产生生物氧化反应，导致萤火虫的腹下发出碧莹莹的光亮来。又由于萤火虫不同的呼吸节律，便形成时明时暗的“闪光信号”。人们经过研究，把其发光的过程，列一简单的公式：

$$荧光素+氧气\xrightarrow{荧光酶作用}发出荧光$$

萤火虫体内的荧光素并不是用之不竭的，那么它们不间断地多次发光，能量又是从何而来的呢？原来能量来自三磷酸腺苷（简称 ATP），它是一切生物体内供应能源的物质。萤火虫体内有了这种能源，不但能不间断地发光，而且亮度也较强。只有发光结构还不能发光，还要有脑神经系统调节支配。如果做个实验，将萤火虫的头部切除，发光的机制也就失去作用。萤火虫发光的效率非常高，几乎能将化学能全部转化为可见光，为现代电光源效率的几倍到几十倍。由于光源来自体内的化学物质，因此，萤火虫发出来的光虽亮但没有热量，人们称这种光为“冷光”。

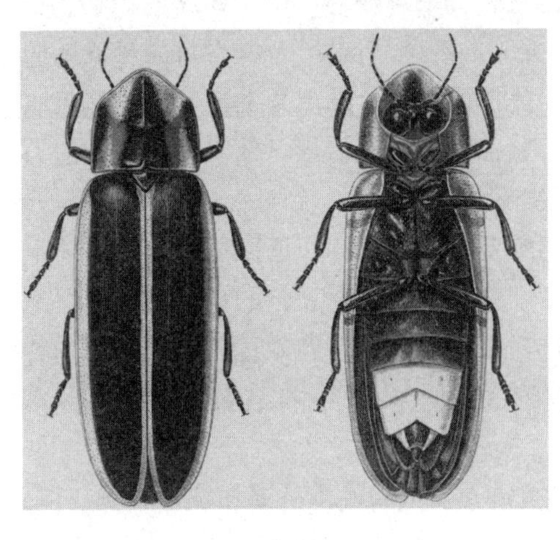

萤火虫

不同种类的萤火虫，闪光的节律变化并不完全一样。美国有的一种萤火虫，雄虫先有节律地发出闪光来，雌虫见到这种光信号后，才准确地闪光两秒钟，雄虫看到同种的光信号，就靠近它结为情侣。人们曾实验，在雌虫发光结束时，用人工发出两秒钟的闪光，雄虫也会被引诱过来。另有一种萤火虫，雌虫能以准确的时间间隔，发出“亮—灭，亮—灭”的信号来，雄虫收到用灯语表达的“悄悄话”后，立刻发出“亮—灭，亮—灭”的灯语作为回答。信息一经沟通，它们便飞到一起共度良宵。

有一种萤火虫，雄虫之间为争夺伴侣，要有一场激烈的竞争。它们还能

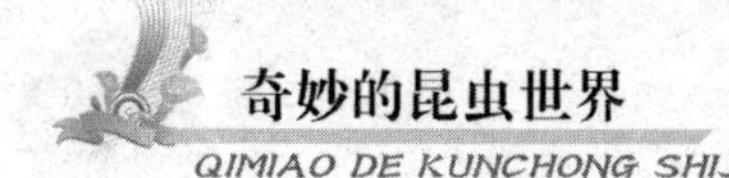

发出模仿雌虫的假信号，把别的雄虫引开，好独占“娇娘”。

萤火虫能用灯语对讲的秘密，最早是由美国佛罗里达大学的动物学家劳德埃博士发现的。他用了整整18年的时间研究萤火虫的发光现象。可见揭开一项前人未知的奥秘并非易事。

“囊萤夜读”的故事，已载入教科书中。说的是有位叫做车胤（yìn）的穷孩子，读书很刻苦，就连夜晚的时间也不肯白白放过，可是又买不起点灯照明的油，他就捉来一些萤火虫，装在能透光的纱布袋中，用来照明读书，后来竟成为有名的学者。这也算是萤火虫的一种实用价值吧！

在非洲也有萤火虫为人利用的记载。非洲有种萤火虫，个体大，发的光也亮，当地人捉来装入小笼，再把小笼固定在脚上，走夜路时可以照明。

我国古书《古今秘苑》中有这样的记载：“取羊膀胱吹胀晒干，入萤百余枚，系于罾（zēng）足网底，群鱼不拘大小，各奔其光，聚而不动，捕之必多。”

除萤火虫外，还有许多昆虫，它们只有在夕阳西下，夜幕降临后才飞行于花间，一面采蜜，一面为植物授粉。漆黑的夜晚，它们能顺利地找到花朵，这也是“闪光语言”的功劳。夜行昆虫在空中飞翔时，由于翅膀的振动，不断与空气摩擦，产生热能，发出紫外光来向花朵“问路”，花朵因紫外光的照射，激起暗淡的“夜光”回波，发出热情的邀请。昆虫身上的特殊构造接收到花朵“夜光”的回波，就会顺波飞去，为花传粉做媒，使其结果，传递后代。这样，昆虫的灯语也为大自然的繁荣做出了贡献。

（4）*声音通讯*　昆虫虽然不能用嘴发出声音来，却可以充分运用身体上的各种能发声的器官来弥补这一不足。昆虫虽无镶有耳轮的两只耳朵，但它们有着极为敏感的听觉器官（如听觉毛、江氏听器、鼓膜听器等）。昆虫的特殊发音器官与听觉器官密切配合，就形成了传递同种之间各种“代号”的声音通讯系统。

我国劳动人民早已对不同种类昆虫声音通讯的发声机理和部位有所认识。我国古籍《草木疏》上说：“蝗类青色，长角长股，股鸣者也”。《埤雅》上说：“苍蝇声雄壮，青蝇声清聒，其音皆在翼”。已明确地将不同昆虫的“声语”分为摩擦发声和振动发声。

东亚飞蝗属于直翅目，蝗科，是农业的一大害虫。旧社会由于治蝗不力，成群结队的飞蝗能将庄稼吞食一空，造成饥荒，因而有“一年蝗，十年荒”

的说法。河南省一带也把“水、旱、蝗”三大灾害相提并论。

蝗　虫

蝗虫为什么能成群结队迁徙，有时停留暴食一场，有时落地停息却个个不张口吃上一嘴，又骤然起飞远离呢？形成这种现象的原因，虽多在体内生理机制变化方面，但蝗虫的“声音讯号”也起着极为重要的作用。

东亚飞蝗的发声，是用复翅（前翅）上的音齿和后腿上的刮器互相摩擦所致。音齿长约1厘米，共有约300个锯齿形的小齿，生在后腿上的刮器齿则很少，但比较粗大。要发声时，先用4条腿将身体支撑起来，摆出发音的姿势，再把复翅伸开，弯曲粗大的后腿同时举起与复翅靠拢，上下有节奏地抖动着，使后腿上的刮器与复翅上的音齿相互击擦，引起复翅振动，从而发出“嚓啦、嚓啦”的响声。

蝗　虫

摩擦发出的声音大多是由20～30个音节组成，每个音节又由80～100个小音节组成。发出来的声音频率多在500～1000赫兹之间，不同的音节代表着不同的讯号。因此，音节的变换在昆虫之间的声音通讯联络中有着重要作用。

蝗群暴食时，个个都只大口咀嚼植物叶片，从不发声，像有点“做贼心虚”。要结队起飞前，先由“头蝗”发出轻微的擦击声，周围的蝗虫也跟着遥相呼应，声音越来越大，随之双翅抖动，噗噗之声顿时传遍四面八方，像是发出了起飞号令，于是千万只飞蝗倏忽飞起，转眼之间便形影皆无。

据报道，家蝇翅的振动声音频率为147～200赫兹。国内有人研究过8种蚊虫的翅振频率，不同种类、不同性别均不相同。8种蚊虫的翅振声频可达

家 蝇

433～572 赫兹，而且雄性明显高于雌性。农民有句谚语“叫得响的蚊子不咬人”，就是这个道理，因为雄蚊是不咬人的。

人们耳朵听得到的声音频率在 20～2000 赫兹之间。有些昆虫翅膀振动的频率不在这个范围以内，人们就只能看见它们的翅膀在振动，听不见它们的“电传密码”，不能成为它们的“知音”。

前面说的只是昆虫的“声语发报机”的结构及其作用。那么昆虫的“收音机”又是什么样子呢？昆虫接受声音的器官，叫听觉感受器，不同种类昆虫的听觉器官各有千秋，其生长部位也不是千篇一律。有些昆虫身上的毛有听觉功能，这种毛不但比一般毛长，而且还会左右摆动。

昆虫与植物

在地球上，动植物之间有着极其密切的联系，而昆虫，作为动物的一个古老物种，更是不例外。早在地球远古的泥盆纪时期，昆虫就开始大量迁移到更加适于它们生活的陆地上，因为以陆地作为栖息场所可供选择的环境更为广泛，而且动植物种类繁多。食物丰富。而大多数昆虫主要是以采食植物为生的。正是因为昆虫与植物之间这种从古至今的不解之缘，才逐渐形成了一种昆虫与植物相互作用的特殊存在形式，动物和植物就这样在相互作用的过程中，共同进化了 4 亿多年。

一对“老冤家”

昆虫以采食植物为生，而植物在不断地进化过程中，不断地生成化学保护物质来抵御昆虫的侵食。也就是说，昆虫虽然是占主动地位的能够以行动来对植物形成一种威胁，而植物在漫长的生长和进化的历史中也慢慢了解了昆虫这个天敌的习性和特点，于是所有的植物为了更好的生存和发展，与昆虫一争高下，也通过进化具有了一种被科学家们称作“次生植物化合物”的化学物质。

蝗虫生活在草丛中

可别小看比昆虫还要显得脆弱、无力，而且也无法采取主动攻击或是防备的植物，它们身上不断散发出来的这种化学物质对别的生物也许无所谓，对它的天敌昆虫可是影响巨大啊。它的气味和产生的化学性是最让昆虫反感的，所以一旦昆虫想要占据一株植物，对它大吃大嚼时，植物就会及时放出这种化学物质，昆虫只好转身就逃，这样也就大大减少了植物的病虫害。怎么样，默默无闻的植物们还是很不好惹的吧！

蜜蜂在花中飞舞

不过随着植物不断地形成化学物质保护自己，昆虫也在及时想着自己的对策呢，它们同样针对植物特有的这种化学物质干扰，在自己身体内进化出了某种生化机理，可以很好地抵御住这种次生植物的化学产物。于是，那些进化出了这种有效的生化器官的昆虫种类就可以独享这些植物了，而还未能拥有这种机理的昆虫就意味着食物来源的减少，这就是昆虫与植物、昆虫与昆虫之间的无声而残酷的生存竞争。昆虫与植物之间不断地在为着自身的利益而进行着竞赛，同时也促进了昆虫与植物的进化过程。

谁也离不开谁

动物与植物之间存在着难解难分的相互关系，有些植物为保护自己会分

植物根部是昆虫栖息地

泌出一种有毒物质，而一些昆虫却利用这些物质来保护自己。它们从植物体内吸取某种物质之后，会呈现出颜色鲜艳的体纹，这在动物学研究上被称做“警戒色”，是动物为了保护自己而逐渐进化成功的。昆虫与植物之间既联系又对立的特殊性，使它们各自在生存和进化方面反而更加活跃，导致了它们各自特化机体的大量产生。尤其是它们不得不紧密相依的共同生活环境所限制，昆虫的幼虫们大多喜欢选择植物的巨大叶片或是根部来作为最好的隐蔽栖息地。昆虫的幼虫在它们的“对手”植物上寄生的原因最重要的就是，在幼虫时期与成虫时期、昆虫们都可以在身体里慢慢收集和储存起一定量的那种特定植物中发散出的“次生植物化合物”，经过了这一系列的适应阶段，昆虫已经可以把原本对它们来说是有毒的物质反过来用于保护自己，它们不但不会再怕植物发出的这种物质，而且还能利用自身储存的这种有毒物质向不具有这种免疫力的其他昆虫或是动物发起攻击。

共　存

昆虫与植物两大世界的相争可能永远都存在着，然而它们的生活其实又根本无法缺少对方的参与，昆虫需要大量的植物不断生长以供给它们一代又一代的食物来源；而很多植物也是靠着寄生于它们身体上，或是与其有着共生关系的昆虫才能更好地生长和发展的。也就是说，有些时候，昆虫与植物必须互相依附才能双方都受益；比方说，

植物受益于昆虫授粉

植物虽然备受昆虫的侵扰，但也会受益于昆虫，蜜蜂、蝴蝶这种昆虫，就是积极帮助植物授粉的植物界的“好帮手”，没有它们，许多植物在地球上的生长和繁殖都会受到很大的影响。昆虫帮助植物可以结果生籽，繁衍生长；同时，昆虫自己才会有充足而源源不断的食物来源。

又比如很多植物都可以说是在无偿地提供给了大量小昆虫各种各样的藏身之所；说是无偿的，其实植物在这种紧密相关的共存环境和生活中，也得到了很多的好处呢，所以它们当然心甘情愿。比如说，有一种叫做裁缝蚁的昆虫就能够充分利用从其幼虫身体吐出的丝把一些树叶都缝起来，做为小宝宝安全而舒适的窝。这种做法虽然看起来是昆虫在利用植物，它的树叶的有效性会降低；其实从另一个角度来说，这种植物的树叶也因此得以保存下来，而不至于被别的动物吃掉，这就是植物与昆虫相互关系中互相依存、合作的一面。

在另一个例子里，一些属于金合欢属的树种对某些昆虫的帮助更大，因为它们的质地恰好能够为蚂蚁一类的巢居昆虫提供非常适合的空心结构，这种植物被称为“适蚁植物”是再合适不过的了。蚂蚁与这种适蚁植物的关系再也不是对立和互相排斥的，而是达成一定的默契，互相帮助共同生存。适蚁植物主动为蚂蚁准备定居所，还用它们叶子中特殊的一种花蜜分泌腺以及自己植株上生产的食物来供给蚂蚁家族。在这种特别照顾的生存关系中，这类蚂蚁的身躯慢慢会长得突出的大，而且它们体内聚集了由植物通过花蜜等食物提供的有毒物质，这种蚂蚁也就拥有了一项更强的“秘密武器”，那便是有毒化学物质。这些蚂蚁一般都具有凶猛的螯刺，而且进化成了食肉型昆虫，它们常常会为了保护自己筑巢地的植物而主动出击，给那些想侵袭和占有它们巢穴所在的植物以及把它当做食物的食草动物们以猛烈的还击。

蜜蜂既采蜜也授粉

讲到这里，你可能再也不会说昆虫是植物的天敌，或是昆虫与昆虫是绝

植物与昆虫存在动态平衡

对的竞争者这样的话了吧？其实在整个自然界，动物、植物以及动物之间的相互关系都不是简单的对立或联合的，它们就是在这种互相共存、又互相影响的状态下共同生存和发展的，哪一方太强或者太弱，对整个生物圈来说都是不利的，也就是说，缺少了动物或是植物的哪一方，对它们来说都将是一场毁灭性的打击！这就是为什么现代人类开始大规模的对各类快要灭绝的动植物进行最大限度的保护，而且人们需要时刻控制那些生殖能力过强的昆虫种群。比如农民与蝗虫、蚜虫等害虫长期的斗争，这些人为的行动就是要努力保持我们地球的生态平衡，让动物、植物以及特殊的人类社会都有各自存在与发展的机会和空间。

知识点

授　粉

授粉是被子植物结成果实必经的过程。花朵中通常都有一些黄色的粉，这叫做花粉，这些花粉需要被传给同类植物某些花朵；花粉的传递过程叫做授粉。

昆虫与人

最后来说说昆虫与人类这两大类群的相互关系。因为人类是一个极为特殊的群体，根源属于动物而智力与精力又远远要高于动物；昆虫这一群体也有它们的特殊性，它们身体微小，可是却无处不在地繁殖和生存着。在地球上几乎所有的栖息地中，只要人类能生存的地方，就必定会有昆虫的存在，从这一点就可以看出小小的昆虫与大大的人类之间那种无形中形成的紧密联系了。

争夺口粮

甲虫噬食庄稼

昆虫与人类最大的矛盾可以说就在于大多数昆虫属于食草型动物这一点上，而人类需要供养大量的不断增长的人群也就必须要大面积地开发和种植庄稼，这样一来，庄稼就成为某一部分昆虫最佳的食物来源。其实昆虫的活动和存在对人类的影响还远远不只限于对庄稼的破坏，例如某些昆虫经过进化以后，常常会大量制造和占据树木的木屑，于是，不论是森林中已经枯死腐败的树木，还是对于那些人类大量种植和收集起来的良种木材，都成为了这类昆虫疯狂蛀蚀的目标，昆虫的这种特殊习性无形中便给人类社会造成巨大的经济损失。那些被称为“害虫”的昆虫也都是相对于它们与人类的相互关系而提到的，比如喜欢争食人类大片的谷物和小麦田地的甲虫，喜欢成群结伙地蛀食人类的木制家具或房屋、甚至桥梁的皮蠹虫、白蚁等昆虫。它们的危害性并非在它们个体上，而是体现在它们集合成群体的强大破坏作用。不过从另一方面来说，这些喜欢蛀蚀木材、制造木屑的昆虫们却是自然界分解腐败物质的行家呢！它们能够及时地清除枯败树木，还有助于各种死去的动物尸体的分解，给予植物以养分，所以自然界又少不了这样的昆虫。可以说，只要我们能够控制好这类“害虫”在人类社会生存的一定数量，不要让它们过多地繁殖，更不能以一

白蚁是蛀食树木的“好手”

味地制造新的农药等方式去灭绝它们，因为这会使昆虫的适应农药能力更强。自然界以及人与昆虫所形成的这一个小小生物群落必然会有它自己的调整，只要努力保持好这个群落的生态平衡，昆虫与人类的关系就会缓和得多。

吸食血液

还有一类与我们更加息息相关的“害虫”，它们竟然要把人类当做自己的食物来源。小小的昆虫怎么能“吃”人类这样的“庞然大物”呢？原来，它们不是像食肉动物那样大口地吃肉，它们对人类的危害方式主要就是吸食人或者牲畜的血液，还可以在人体和动物之间传播大量的疾病。我们城市里最常见的这类害虫就是苍蝇和蚊子，夏天夜晚，成群的蚊子都会趁着黑夜而集体向在外边乘凉的人们发起进攻；最可怕的是，如果咬你的蚊子中有一只刚刚吸食过一个有传染病的病人的血液的话，那么这个病人的病毒就有可能会随沾在蚊子口器上的血液而传染到你的血液中去。在美洲一些热带地区的昆虫嗜血性更强，那里的蚊蝇等昆虫的体积也特别大，还有蚋、臭虫、虱子和跳蚤等等，它们都是通过尖而细的针状口器来刺入人体或牛马等动物的体内吸食血液的。可别小看这些小动物们，当它们成群结队地围攻一个人或一匹马时，在几分钟之内就可能让这个庞大的动物招架不住，满身是肿起的包呢！美洲有一种叫做“人肤蝇”的昆虫，它们可以直接在人身上产卵并留在人体皮肤表层，当这些肉

蚋

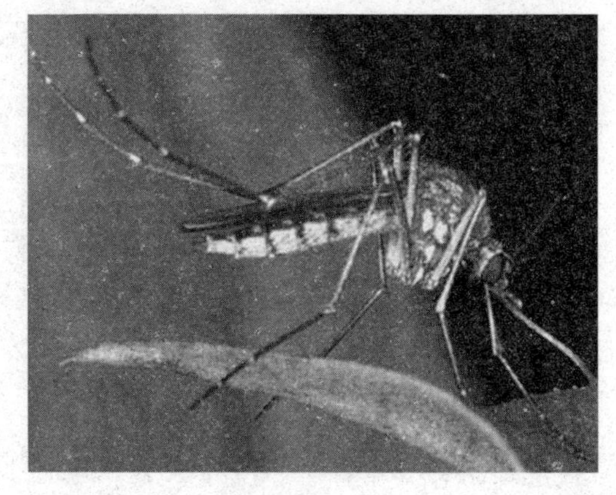

蚊　子

眼看不见的卵自己孵化成功后，它们就能以幼虫的形式很轻易地钻入人的皮肤里，并大量吸食人的体液为生。吸血性的昆虫能在动物和人体之间传播包括黄热病、疟疾、伤寒和病毒性脑炎、传染性斑疹等多种可怕疾病，严重的时候很可能会造成某个地区人群的集体性传染病流行以及大批牲畜的死亡。

人类的好朋友

生活方式多种多样的昆虫种群中，不仅存在着对人类产生极大危害、永远与人类站在对立面的“害虫”，也同样有很多可以被人类利用，为人类产生巨大价值和益处的“益虫”。比如说，那些以捕食别的昆虫为生的捕食类昆虫们就常常会成为农民的好帮手，因为它们正是许多破坏和偷吃农作物的昆虫们的天敌，这些捕食类昆虫与人类的关系自然就是和平共处的，而相对于“害虫”来说，它们就算是人类的“益虫”了！最受人类欢迎的“益虫”要算是蜜蜂家族了，因为蜜蜂能充分地为人类所利用，给我们带来许多有价值的产品，比如说有益人身体健康的蜂蜜和蜂巢，它们还可以被大量提炼加工成糖；蜜蜂产生出的一种蜂蜡可以制造出高品质的蜡烛，它还被用作最好的家具抛光剂呢！蜜蜂所产出的蜂蜜和蜂蜡，其实是它们生活习性所带来的成

农业是人类的生存之本，也是众多昆虫觊觎的对象。

果，它们并不是为了人类所需而去花丛中到处采蜜和酿蜜的。蜜蜂的重大作用是靠着人类的发掘和集中大批量养殖和生产才形成一种经济价值的实现。例如现在医学上越来越受到重视和提倡的蜂王浆产品，这种王浆本来是专门给少量刚出生的幼蜂们提供的最有营养的食物，在幼蜂向成蜂的发育阶段起着非常重要的作用。而这种王浆只能从工蜂的口器周围分泌出，数量十分有限。人类发现了这种王浆的存在，知道它的重大科学营养价值，于是需要集中、大量地形成养蜂和育蜂规模，既有人为手段的干预，又要保持蜜蜂群体内天然的繁殖和养育过程的实现，这样收集到的王浆才能被大批量运用，形成产品流水线，而且又不至于失去王浆天然形成的营养结构和还不为人所知的重要成分。

人们对一些身体上有特殊物质的昆虫可以直接培养和利用，比如在化学上的合成漆还未被发明之前，工人师傅们就利用一种身体上固有的树脂保护鳞片的雌性印度紫胶虫，把它们大量收集捣碎而制成了天然的虫漆，这种制作简便、用料来源广泛的虫漆可以涂刷在各种物品和家具上，使之发出透亮而自然的光泽。还有一种生活在墨西哥地区、靠食用仙人掌为生的介壳虫，也因为其体内的特殊化学物质而被人们收集，成功提炼出红色的食物着色剂以及制作红色胭脂的主要原料。

昆虫与人类都需要良好的生态环境

昆虫对人类的影响有正面的也有负面的，而反过来说，人类对昆虫的生存和发展也是有着各种正面或负面的影响。由此看来，昆虫与人类的关系既存在着对立，又是相互共生、不可缺少的，甚至可以成为彼此有益的补充。

害　虫

害虫是对人类有害的昆虫的通称。从我们自身来讲，就是对我们人类的生存造成不利影响的昆虫的总称。一种昆虫的有益还是有害是相当复杂的，常常因时间、地点、数量的不同而不同。我们易把任何同我们竞争的昆虫视为害虫，而实际上只有当它们的数量达到一定量的时候才对人类造成危害。害虫和益虫是相对而言的，益虫会做对人类有害的事，害虫也会做有益的事，只是程度不同罢了。如果植食性昆虫的数量小、密度低，当时或一段时间内对农作物的影响没有或不大，那么它们不应被当做害虫而采取防治措施。相反，由于它们的少量存在，为天敌提供了食料，可使天敌滞留在这一生境中，增加了生态系统的复杂性和稳定性。在这种情况下，应把这样的“害虫”当做益虫看待。或者由于它们的存在，使危害性更大的害虫不能猖獗，从而对植物有利。

当一种昆虫对人类本身或他们的作物和牲畜有害时，就被认为是害虫。即使是害虫，也不一定要采取防治措施，特别当防治成本大于危害的损失时。在计算成本时，不但要包括直接成本（如农药、人工等费用），也应包括那些有害农药对环境、人类的伤害代价。

害虫和益虫是相对而言的，益虫会做对人类有害的事，害虫也会做有益的事，只是程度不同罢了。如：蚂蚁是害虫，占45%，那是因为蚂蚁老是在人类食物乱爬、乱啃，很不卫生；蚂蚁是益虫，占20%，有的蚂蚁吃了有益身体健康，可对一些病者治疗有帮助。

信不信由你

XINBUXIN YOUNI

从重量来说，世界上最重的昆虫是热带美洲的巨大犀金龟（鞘翅目犀金龟科）。这种犀金龟从头部突起到腹部末端长达155毫米，身体宽100毫米，比一只最大的鹅蛋还大。其重量竟有约100克，相当两个鸡蛋的重量。另外，巴西产的一种天牛（鞘翅目天牛科）体长也有150多毫米。但从体长来说，最长的昆虫是生活在马来半岛的一种竹节虫，其体长有270毫米，比一支铅笔还要长。世界上最小最轻的昆虫是膜翅目缨小蜂科的一种卵蜂。体长仅0.21毫米，其重量也极其轻微，只有0.005毫克。折算一下，20万只才1克，1000万只才有一个鸡蛋那么重。

昆虫是凭着它们自身超群的适应性和顽强的求生本领，经过漫长的历史长河，不断发展壮大起来，成为最鼎盛的家族“占领”着地球。曾有位作家写道：“昆虫比人类较早出现，它们的顽强性或许会使昆虫比人类活得更远，这里有许多奥秘需要人类去揭示。”

温室效应与白蚁

科学家们发现，白蚁对地球温度的逐渐升高起了推波助澜的作用。这种结论并不夸张，因为这与白蚂蚁的生活习性以及所取食的物质有密切关系。

白蚁是以木材、杂草、菌类为食。木材及草类组织中含有大量的纤维素，白蚁在消化纤维素的过程时是依靠肠内的原生动物——鞭毛虫的作用，这些鞭毛虫能分泌纤维素酶和纤维二糖酶，把白蚁吃到肠胃中的木质纤维分解成葡萄糖及其他产物。就在这种分解与消化过程中，同时也会产生出大量的甲烷气体排出体外。

白　蚁

为了证明白蚁所排出的含甲烷气体究竟有多大量，美国大气研究中心专家捷姆曼作了一个实验，他将不漏气的胶袋套在白蚁巢穴的顶部，收集巢中冒出来的甲烷，以此计算出一只白蚁年排放的甲烷量，他由此估算出，全球约有10亿吨白蚁，年排放到大气中的甲烷可多达1亿多吨，相当于全球释放到大气中甲烷总量的50%。因此，可以认为，白蚁释放到大气中的甲烷是引起温室效应、使全球气温升高的重要因素之一。

碳排放

碳排放是温室气体排放的一个总称或简称。温室气体中最主要的气体是二氧化碳，因此用碳（Carbon）一词作为代表。虽然并不准确，但作为让民众最快了解的方法就是简单地将“碳排放”理解为“二氧化碳排放”。多数科学家和政府承认温室气体已经并将继续为地球和人类带来灾难，所以“(控制）碳排放”、“碳中和”这样的术语就成为容易被大多数人所理解、接受、并采取行动的文化基础。

自然食物链与昆虫

20 世纪 50 年代，麻雀被列为要消灭的四害之一。但经过调查研究证明，假如麻雀被大批除掉后，虫鸟之间就会失去生态平衡，使害虫猖獗，造成农业减产。从生态学角度来看，这是由于生物间食物链遭受破坏所致。在论述这个问题时，达尔文等人的一个著名关系式“猫→田鼠→三叶草→牛”便是生物链中生物的真实写照。

昆虫与食物链图示

食物营养联系是自然生物物质循环的基础，是一种普遍存在的自然现象。一般来说食物链是先从植物开始，其次是植食性动物（主要是昆虫），紧接着是与植食性动物有关的寄生性和捕食性动物，接下去是肉食性小动物，最后是大型肉食动物。例如，水稻遭受螟虫、蟏象、甲虫等多种昆虫危害，而这些害虫又被寄生蜂、螳螂、草蛉等天敌寄生或捕食，食虫鸟、兽又是这些天敌昆虫的劲敌，而食虫鸟又被大型肉食性鹰隼所猎捕。这样就构成了从水稻到大型肉食性动物间的食物链。

食物链相依的环节可多达 5 个以上，多个食物链组成错综复杂的食物网。如果食物链中的某一环节发生了变化，或插入了新的环节，这样就会影响食物链中生物的数量，进而导致生态平衡失调。

食物链

食物链是生态系统中贮存于有机物中的化学能在生态系统中层层传导，通俗地讲，是各种生物通过一系列吃与被吃的关系，把这种生物与那种生物紧密地联系起来，这种生物之间以食物营养关系彼此联系起来的序列，在生态学上被称为食物链。按照生物与生物之间的关系可将食物链分为捕食食物链、腐食食物链（碎食食物链）、和寄生食物链。

昆虫变性的秘密

昆虫不但在生育上有着孤雌生殖、多胚生殖等现象，而且个体性别也可互相转化，甚至还有雄雌同体个体的存在；身体发育不全，半边完整、半边残缺（俗称为阴阳虫）的个体也可常见。

危害柑橘的吹绵蚧壳虫，雌虫终生无翅，只靠插入枝干中的口器吸吮汁液维持生计，到达发育成熟期时，只好等待有翅成虫找上门来婚配，如难遇佳婿（雄虫数量少、寿命短），却能自行受精产卵。这种现象在昆虫学上称为雌雄同体。因为这类昆虫的体内同时具有两套生殖系统——卵巢和睾丸，在不同条件下可施行不同机制。

德利蜂和黄泥蜂的幼虫发育阶段，如果被捻翅虫（雄虫前翅退化成平衡棒，后翅发达，雌性终生无翅，营寄生生活的昆虫）寄生后，性别上则发生变化，由雌性个体转变为雄性个体；与此相反，有一种生活在污水中的摇蚊，受到雨虫寄生后，却能从雄性转变为雌性。

吹绵蚧壳虫

昆虫的自然变性现象之谜，

黄泥峰

目前还没有完全揭开。不过科学家们通过人工移植方法做改变昆虫性别的实验已有报道，他们将雄性萤火虫三龄幼虫的睾丸取出，在无菌条件下，移至同龄的雌性幼虫体内，结果雌萤火虫幼虫化蛹羽化后竟变为雄萤了，而被摘除睾丸的雄虫却变成了雌虫。科学家们认为，这是由于睾丸滤泡管的中胚顶端组织在幼虫期能够分泌大量雄性激素所致。而在蛹期施行同样移植手术，则不能改变性别，是因为蛹期后，雄性睾丸内的激素数量相对下降。

至于有些昆虫个体经过蛹期羽化为成虫后，身体两侧不对称、甚至少一只足或半边翅变小，这些现象不能称为性变，而多半是由于化蛹阶段受到外界创伤所致，或在由幼虫变蛹时遇气候干燥、营养不良造成的。

知识点

变　性

变性是在致病因素的作用下，组织和细胞发生物质代谢障碍，在细胞内和间质中出现各种异常物质或原有的某些物质堆积过多的现象。细胞受到致病因子的作用后，细胞的功能和结构可在适应能力范围内改变。如果致病因子作用过强，上述改变超过该细胞的适应能力则出现变性。致病因子除去后，该细胞可能恢复正常，但严重的变性可能发展为坏死。

昆虫大夫

巫婆行医，纯属欺骗。动物生病自医，确有此事。虫大夫能行医治病，或许有人不信，但昆虫确实能为人类诊病治病。

蚂 蚁

蚂蚁的趋化性很强，而且馋食甜食，只要有存放甜食的地方，不管你存放得多么严实，它们都会依靠头上有敏感嗅觉作用的一对触角，左摇右摆地探索找到。因此，人们便利用它们这特有的本能，为人类诊断病症。患糖尿病的人，因为尿中含糖量过高而称为“甜血症”。早在7世纪，我国民间就曾利用蜜蜂和蚂蚁的趋化性来诊断此病。方法是把蚂蚁放在病人尿盆边，如果蚂蚁很快爬去舔食，便证明病人患有糖尿病；如果蚂蚁表现得恋恋不舍，说明病情较重。

蝴蝶泉中织彩虹

在云南省大理市的西北方，雄伟壮丽的苍山角下，有个中外驰名的“蝴蝶泉”。每当农历立夏，百花盛开，各种各样的彩蝶在泉池四周翩然飞舞，颇为壮观。蝶影入池，在斑斓的水波上闪烁，形成道道五光十色的彩虹。

樟青凤蝶

是什么神奇魔力，使成千上万只蝴蝶在此约会呢？

一是水源。水是蝴蝶生活中不可缺少的物质。特别是在烈日炎炎的夏日，群蝶追逐嬉戏后，必须寻找水源吸水，用来维持和提高体内飞翔肌的动力，并为繁衍后代储备能量。蝴蝶泉中流出来的甘露般的泉水，是吸引蝶类“约会”的第一种“魔力”。

二是食源。蝶类的成虫自蛹

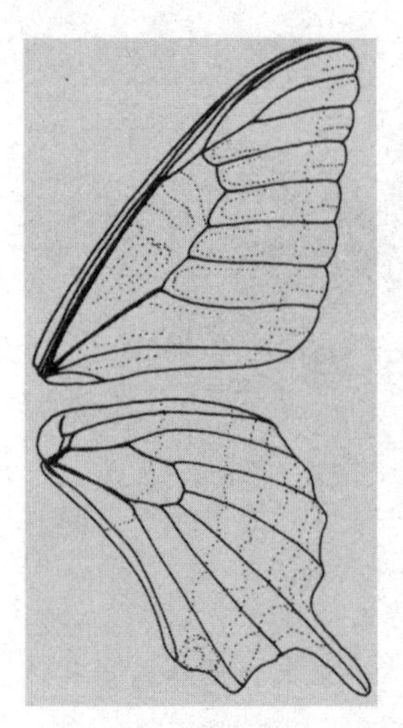
凤蝶的翅膀构造

中羽化后，喜欢在幽雅清静的环境中寻花吸蜜，找树吮汁，用以补充营养，促使体内生殖器官尽早成熟。蝴蝶泉东临洱海，西傍苍山，环境幽雅，花木丛生，为蝶类提供了极理想的吸蜜吮汁的场所。

三是性源。蝴蝶在性成熟期，雌蝶为了生儿育女繁殖后代，便从腹部末端分泌出性引诱素；性引诱素一遇空气即挥发，产生一种气味，蝶翅扇动产生的气流，使气味扩散开来。当雄蝶“闻”到这种气味后，好像接到了赴约的请帖，便“不远千里”奔向雌蝶。农历夏至过后，正是蝴蝶性成熟的时节，因此才有“一蝶引来万蝶飞”的盛况。

花儿美，蝴蝶更美，蝴蝶像是一朵朵会飞的花。蝴蝶为什么这样美？只要用手触摸一下它们的翅面，便会沾上许多粉末状的东西，这便是蝴蝶用来装饰自己的物质，人们称它为鳞片。如果把这些粉末状的鳞片放在双目解剖镜下观察，就会发现这些鳞片有长有短，有细有宽，有的两边还带有锯齿，还有的带棱起脊，形状千奇百怪。每个鳞片上都有个小柄。鳞片整齐地排列在翅膜上，并将小柄插入叫做鳞片腔的小窝里。由于鳞片形状不同，组装成的图案也是多种多样。

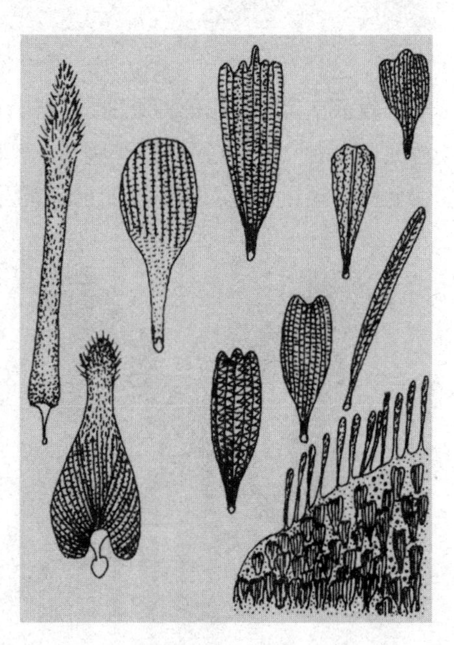
蝴蝶翅上的鳞片

蝴蝶鳞片上的不同形状构造，经过光的直射、反射、折射或互相干扰而产生出来的颜色，称为物理色。不同种类蝴蝶翅上鳞片的脊纹多少，各不相同。据研究，斑蝶鳞片上的脊纹有30多条，闪光蝶鳞片的脊纹可多达1400多条。一个鳞片上的脊纹越多，产生的闪光越强，颜色的变化也就越大。拿一个闪光蝶的翅，从正面看蓝里透紫，左斜看变成翠绿；在灯光下偏蓝，在日光下则偏紫。蝴蝶鳞片上的黑色或褐色，则是鳞片所含黑色素造成的；白色或黄色是所含尿酸盐所致。因为这些“颜料”含有化学成分，由其产生的颜色便称为化学色。在一般情况下蝴蝶翅上的色彩，是由化学色和物理色混合而成的。这就是群蝶飞舞“编织”闪烁变幻、美丽夺目的“彩虹”的道理。

蝴　蝶

蝴蝶，昆虫中的一类。蝴蝶、蛾和弄蝶都被归类为鳞翅目。现今世界上有数以万计的物种都归在这类下。它们从白垩纪起随着作为食物的显花植物而演进，并为之授粉。它们是昆虫演进中最后一类生物。

鳞翅目的锤角亚目，俗名蝴蝶，也叫做“胡蝶”。

虫　草

当你听到昆虫能变草时，一定感到很奇怪。昆虫是动物，草是植物，那么昆虫怎么会变成草呢？不了解大自然中各种生物变迁的真相前，确实感到有些奇妙，其实虫变草的说法是对一种自然现象的误解。

昆虫的蛹

所谓虫变草的现象，大部分发生在青藏高原海拔3000～4000米的高寒地带。有一种名叫蝙蝠蛾的昆虫，在它们的幼虫生长发育接近老熟时，被虫草属的一种真菌感染后，生起病来。发病初期，幼虫表现有行动迟缓、惊慌不安、到处乱爬等症状，最后钻入距地表仅有3～5厘米的草丛根部，头朝上，不吃不动地待上一段时间后，便因病而死去。蝙蝠蛾幼虫虽死，但其身躯仍然完整。真菌孢子以幼虫体内组织器官为营养，大量繁殖。冬去春来，在春暖花开的五六月间，虫体内的真菌转入又一个繁殖阶段，由孢子发展为白色菌丝，并从幼虫头上长出一根2～5厘米长的真菌子座来。由于子座露出地表部分顶端膨大，呈黄褐色，很像一棵刚露头的小草，故名虫草，又名“冬虫夏草”。当子座中的子囊孢子充满囊壳时，孢子成熟，子囊破裂，真菌孢子散发到空间大地，再去待机感染其他蝙蝠蛾幼虫。没有被真菌感染的蝙蝠蛾幼虫，经过化蛹、羽化为成虫，交配产卵繁殖后代。如此往返，年年有蝙蝠蛾幼虫，年年有虫草在地表出现。

冬虫夏草

蝉开花也是由真菌感染蝉的若虫引起的。它与虫变草的不同点在于，虫草菌感染上的不是蝙蝠蛾幼虫，而是在地下生活的蝉的若虫。所谓蝉花，并不是蝉会开花，而是真菌寄生在蝉的若虫上的产物，其过程与蝙蝠蛾幼虫被感染相似。蝉花一词，最早见于中国中药学经典巨著《本草纲目》，书中说：“此物出蜀中，其蝉上有一角，如花冠状，谓之蝉花。”蝉花与虫草另一不同点在于，它不仅出现在高寒地区，在坡地及半山区也有踪迹，或者说，只要有蝉发生的区域，都可能有蝉花出现。

蝉花与冬虫夏草都是名贵的中药材。

寄　生

寄生，即两种生物在一起生活，一方受益，另一方受害，后者给前者提供营养物质和居住场所，这种生物的关系称为寄生。主要的寄生物有细菌、病毒、真菌和原生动物。在动物中，寄生蠕虫特别重要，而昆虫是植物的主要大寄生物。专性寄生必须以宿主为营养来源，兼性寄生也能营自由活动。拟寄生物（parasitoids）包含一大类昆虫大寄生物，它们在昆虫宿主身上或体内产卵，通常导致寄主死亡。

“花大姐”

瓢虫可能是你小时候最早认识的昆虫之一。这是一类个儿不大、直径只有几毫米的圆鼓鼓的硬盖甲虫。这类小甲虫举止安详文雅，但胆子可不小，它能在你面前爬来爬去，并不回避。如果你把手指伸向它，它会直往上爬，爬到指尖时它会认为是面临“悬崖绝壁”，随后先张开那背上的硬壳——鞘翅，再从下面伸展开膜质柔软的后翅，来个滑翔“跳崖”表演。

七星瓢虫

瓢虫属于鞘翅目瓢虫总科，在昆虫家族中称得上是一个大类群，世界上已知约有5000种，仅分布于中国并经研究记载的也已达350种之多。

瓢虫类群中有一种与人们接触较多的种类，孩子们常捉来玩耍，并编有顺口溜：“小小甲虫，翅鞘橙红，七个黑星镶衬其中，人们称它‘花大姐’，其真名实姓叫七星瓢虫。”七星瓢虫的一生中还有不少奇闻轶事哩。

七星瓢虫幼虫

七星瓢虫有着惊人的避敌本领。只要有天敌来扰或受到外界突然的刺激，它就会发生一种叫做“神经休克”现象，有点像失去知觉似的一动不动。“休克”过后，受到刺激的神经系统恢复正常，它又清醒过来，开始爬行。这种“死去活来”的举止，人们称它“假死”。如果你用手去捏它，它就会使出第二招避敌本领，在它 6 条足上的各关节中间，渗出一滴滴的黄色汁液来，这些汁液散发出来的辣臭味，不但使人闻之感到腻烦，就连那啄食的小鸟，闻到这种怪味，也“退避三舍”。

不要另眼看待这些外美内臭的甲虫，它们帮助人们消灭危害农作物的蚜虫，可称得上是蚜虫的“克星”。如果一只瓢虫爬到蚜虫堆里，它便毫不留情地“大口大口”地嚼吸起来，不论是有翅蚜，还是无翅蚜，就连那幼小的若虫也不会放过。

瓢虫的食量也很惊人，一只成虫一天就能“吃”掉 100 多只蚜虫。瓢虫也是个挑食馋嘴的昆虫，生来就不吃素，只吃“荤”，人们说它是“肉食性”昆虫。瓢虫不但变作成虫时专吃蚜虫，就是还没发育成熟的幼虫，也有与“父母”相同的习性。

七星瓢虫是以成虫在石块、土块及田园中的枯枝落叶下或多种物体的缝隙中，以冬眠的方式度过严寒的冬天的。当然也有不少没有做好过冬准备的个体，经不起寒风和干旱的摧残，而不能再复苏。那些熬过冬天的个体，多半是体型稍大，身怀卵子的雌性。它们在春暖花开、蚜虫登场时便苏醒过来，

七星瓢虫

寻找蚜虫“饱餐”一顿后，便东飞西找那已有蚜虫群的植物，把一粒粒像“小窝窝头”一样的黄色卵，成堆地产在有蚜虫的作物叶片上。不久，从卵中孵化出身穿黑色外衣、长腿、大牙、样子很凶的瓢虫幼虫，在蚜虫群里横冲直撞，“毫不留情”地嚼吸着蚜虫。

会潜水的昆虫

凡是生活在陆地上的昆虫，都是以体表的气门使体内的气管（呼吸系统）与外界进行气体交换，不断排出废气，吸进新鲜空气。但鞘翅目龙虱科的昆虫，却能潜入水中长时间不出水面，而不会窒息死去。原来它们的身上背着个特殊的“氧气筒”。

龙虱的坚硬鞘翅下，有个专门用来贮存气体的空间，叫做贮气囊。龙虱潜入水中以前，先将气囊吸满空气，并在腹部末端带上个像是氧气袋一样的气泡。这个气泡不仅在龙虱潜水时起稳定身体的作用，还能额外补充体内氧气的不足，具有“物理鳃”的功能。

龙　虱

龙虱刚潜入水中时，贮气囊及尾端气泡携带的空气中，氧气和氮气的含量与水中氧气和氮气的含量是处在平衡状态的。随着龙虱在水中的活动，不断使用气泡中的氧气，气泡中的氮气所占比重就相应增大，这样就改变了气泡中的气体和溶在水中气体之间的平衡。为了保持平衡，氮气便会从气泡中渗出来，氧气便从气泡周围的水中乘虚进入气泡内。由于氧气向气泡中的渗入速度要比氮气向气泡外的渗出速度快3倍，因此，只要气泡中还有氮气存在，水中的氧就能不断地补充到气泡内，这样气泡就能维持很长时间不会消失。有了足够的氧气供应，龙虱就能在水中长时间潜游了。当气泡内的氮气慢慢向外散尽时，龙虱便向水面浮起，将鞘翅下的气囊贮满新鲜空气和带入新形成的气泡，再潜入水中

栖息的龙虱

“遨游”。

天气逐渐变冷，水面开始结冰，此时龙虱再也不能浮到水面换气了，于是它就用别的方法取得氧气。当冰层较薄时，会有足够的光线透进水里，水生植物在进行光合作用的过程中，还会排出相当多的氧气，氧气聚集成气泡，浮在冰层下，供龙虱呼吸。有时龙虱也会寻找伸出冰面的草茎，头下尾上地趴在上面，借助草茎内部松软组织的透气性来呼吸冰层外的新鲜空气。

螳螂双刀

螳螂的若虫期

螳螂是人们熟悉而又常见的昆虫。每年夏秋季节，无论是在草地、农田、树林、果园还是在园林花丛中，都可看到它们挥舞着“两把大刀”，捕捉害虫的“惊心动魄”的情景。

螳螂的体型长得很奇特。它尖嘴巴，大眼睛，三角形的头可灵活转动180°。头上有一对反应极为敏捷的触角，前胸扁长。前足特化成带刺的“鬼头刀”，并可自由折合或伸开，用来擒获猎物；其中足、后足细长，成为支撑身体和代步的工具；它的腹部肥大，并由半革质的前翅和膜质的后翅所遮盖。螳螂在植物上活动时主要靠中足、后足，举起前足，昂首慢行，与马相似，遂有“天马”之称。

螳螂属于螳螂目，不完全变态类昆虫。每年发生一代，以囊形的卵块过

桑树上的“桑螵蛸”

冬。这种卵块若产于桑树枝条上，就称为“桑螵蛸”。桑螵蛸具有补肾壮阳、固精缩尿的功用，是一种治疗肾虚腰痛、神经衰弱和妇女经血不调的中药材。

螳螂若虫的生活习性与成虫相似。它们都是肉食性，而且只吃活食。螳螂的若虫体型小，翅发育不完全。成虫的体型，同种间雄小雌大，可说是“大媳妇”与“小丈夫”。

螳螂的交配时间是在每年的秋季。昆虫中属于两性生殖的种类，在进行交配、产卵及孵化等生殖的过程中，一般是雌雄互相合作，共同完成生儿育女的任务。但螳螂在交配过程中，有着雌吃雄的不正常现象。以往对这种“食夫”现象有两种解释：一是在交尾过程中，由于雄螳螂已精疲力竭，常使身体过度前倾并失去平衡，而匍匐于雌螳螂背上，被雌螳螂误当做猎物食掉；二是螳螂属于捕食性肉食昆虫，雌螳螂孕卵期间需要大量营养贮存于体内，以便供产卵时消耗，因此在交配接近尾声时，雌螳螂为生儿育女吃掉雄性，雄螳螂也甘愿作个“痴情丈夫”，并认为这种情况只是当雌螳螂处于极度饥饿状态时才会发生。

螳　螂

近年来经科学工作者的仔细观察，得出了不同的结论。原来这种“食夫”现象是由于雌螳螂性器官未完全成熟，而早熟的雄螳螂急于交配所致。这种雄性早成熟，急于向性未成熟的雌性“求爱”而引起互斗甚至残杀的现象，在直翅目的蟋蟀科、螽蜥科中极为常见，并非螳螂独有。

螳螂的过冬卵块，于每年的4

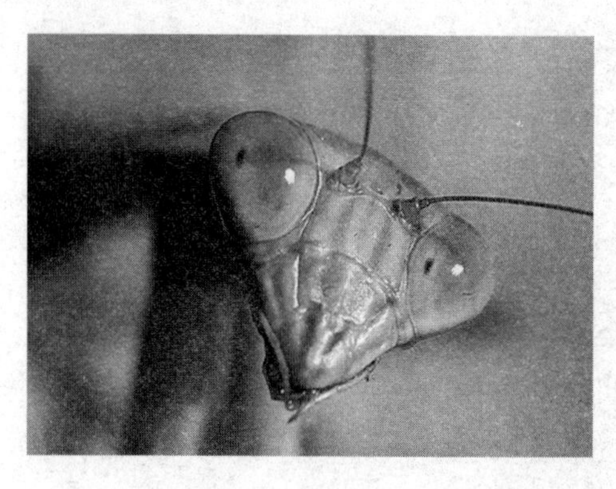

螳　螂

月下旬开始孵化。临孵化前卵块上面的鳞瓣状孵化孔开始膨大，不久即见到带有红色眼点的卵粒显露出来。此时的小若虫即一个个用前足撕破壳挣扎着脱出身来，拖带着极薄而残破的卵膜和一条有黏性而长短不一的丝倒垂下来，稍作休息，即弃开卵膜和丝体，各奔东西去寻找猎物捕食。一块卵中的近百个卵体的孵化过程，只在很短的时间内完成，遗留下来的只是一个空瘪的卵蛸和随风飘荡的卵膜和断丝。有一种观点认为，螳螂卵这种独特的孵化方式，是雌螳螂为避免儿女们互相残杀而精心设计的。

昆虫的启示

KUNCHONG DE QISHI

昆虫个体小，种类和数量庞大，占现存动物的75%以上，遍布全世界。它们有各自的生存绝技，有些技能连人类也自叹不如。人们对自然资源的利用范围越来越广泛，特别是仿生学方面的任何成就，都来自生物的某种特性。

在亿万年的进化过程中，昆虫随着环境的变迁而逐渐进化，都在不同程度地发展着各自的生存本领。随着社会的发展，人们对昆虫的各种生命活动掌握得越来越多，越来越意识到昆虫对人类的重要性，再加上信息技术特别是计算机新一代生物电子技术在昆虫学上的应用，模拟昆虫的感应能力而研制的检测物质种类和浓度的生物传感器，参照昆虫神经结构开发的能够模仿大脑活动的计算机等等一系列的生物技术工程，将会由科学家的设想变为现实，并进入各个领域，昆虫将会为人类做出更大的贡献。

苍蝇的启示

人的眼睛是球形的，苍蝇的眼睛却是半球形的。蝇眼不能像人眼那样转动，苍蝇看东西，要靠脖子和身子灵活转动，才能把眼睛朝向物体。苍蝇的眼睛没有眼窝，没有眼皮也没有眼球，眼睛外层的角膜是直接与头部的表面

蝇　眼

连在一起的。

从外面看上去，蝇眼表面（角膜）是光滑平整的，如果把它放在显微镜下，人们就会发现蝇眼是由许多个小六角形的结构拼成的。每个小六角形都是一只小眼睛，科学家把它们叫做小眼。在一只蝇眼里，有 3000 多只小眼，一双蝇眼就有 6000 多只小眼。这样由许多小眼构成的眼睛，叫做复眼。

蝇眼中的每只小眼都自成体系，都有由角膜和晶维组成的成像系统，有由对光敏感的视觉细胞构成的视网膜，还有通向脑的视神经。因此，每只小眼都单独看东西。科学家曾做过实验：把蝇眼的角膜剥离下来作照相镜头，放在显微镜下照相，一下子就可以照出几百个相同的像。

世界上，长有复眼的动物可多了，差不多有 1/4 的动物是用复眼看东西的。像常见的蜻蜓、蜜蜂、萤火虫、金龟子、蚊子、蛾子等昆虫，以及虾、蟹等甲壳动物都长着复眼。

科学家对蝇眼发生兴趣，还由于蝇眼有许多令人惊异的功能。

如果人的头部不动，眼睛能看到的范围不会超过 180 度，身体背后有东西看不到。可是，苍蝇的眼睛能看到 350 度，差不多可以看一圈，只差脑后勺边很窄的一小条看不见。

人眼只能看到可见光，而蝇眼却能看到人眼看不见的紫外光。要看快速运动的物体，人眼就更比不上蝇眼了。一般说来，人眼要用 0.05 秒才能看清楚物体的轮廓，而蝇眼只要 0.01 秒就行了。

蝇眼还是一个天然测速仪，能随时测出自己的飞行速度，因此能够在快速飞行中追踪目标。

根据这种原理，目前人们研制出了一种测量飞机相对于地面的速度的电子仪器，叫做“飞机地速指示器”，已在飞机上试用。这种仪器的构造，简单说来就是：在机身上安装两个互成一定角度的光电接收器（或在机头、机尾各装一个光电接收器），依次接收地面上同一点的光信号。根据两个接收器收到信号的时间差，并测量当时的飞行高度，经过电子计算机的计算，即可在仪表上指示出飞机相对于地面的飞行速度了。

眼睛所看到的，是通过光传导的信息。不过眼睛并没有把它所看到的全部信息都上报给大脑，而是经过挑选把少量最重要的信息传给大脑。蝇眼这种接收及处理信息的能力，比人们制造出来的任何自动控制机都要高明。

现在研究人员还模仿苍蝇的联立型复眼光学系统的结构与功能特点，用许多块具有特定性质的小透镜，将它们有规则地粘合起来，制成了“复眼透镜”，也叫“蝇眼透镜”。用它作镜头可以制成“复眼照相机”，一次就能照出千百张相同的像来。用这种照相机可以进行邮票印刷的制版工作。

蝇眼相机

苍蝇与药物。苍蝇到处乱飞，污染环境，传染疾病，使人生厌。其实，深入探讨，苍蝇具有很强的抗病本领。如果我们在显微镜下面去观察的话，整个苍蝇，是完全处于细菌的包围之中，在它身上生活的细菌是上亿，甚至上百亿，而苍蝇自己却能“安然无恙”。在二战中以及二战结束之后，苍蝇问题引起了许多军事科学家、生物学家、病理学家的极大兴趣。他们带着各自的目的进行研究。结果发现苍蝇的进食方法与众不同，它是一边吃，一边吐，一边又拉，真是“吃、吐、拉一条龙”。它的消化道工作效率之高，是其他任何一种动物也无法与之比拟的。当食物进入消化道后，它可以立即进行快速处理。在 7 ~ 11 秒钟之内，可将营养物质全部吸收，与此同时，又能将废物及病菌迅速排出体外。当病菌进入苍蝇体内，刚好准备要“繁育后代”时，却已被苍蝇迅雷不及掩耳地将它们排出体外。这样高速度、高效率，真叫人“叹为观止”，因为这在动物界可说是绝无仅有的。

但事物往往不是绝对的，也有个别的强硬对手具有快速繁育后代的能力，它们可在三五秒钟之后产卵育后。碰上这样的细菌，苍蝇体内有可能“大闹天宫”，甚至令其“命归黄泉”。在这种情况下，苍蝇只好用最后一张“王牌”。在20世纪80年代中期，意大利病理学家莱维蒙尔尼卡博士研究发现：当病菌侵入苍蝇机体，使它的生命受到威胁时，它的免疫系统就会立即发射BF、64BD的球蛋白。这两种球蛋白，说得确切一点，可以叫做“跟踪导弹”。它们会自动射向病菌，引起爆炸，与敌人“同归于尽”。更为神奇的是，BF、64BD这两种球蛋白从免疫系统发射出来时，它们是双双对对，一前一后，自找目标，从不错乱。更叫你无法理解的是，这两种球蛋白在消灭对手时，一定以“彻底消灭干净”为最终目的。

我们人类常用的抗生素药物，例如青霉素、庆大霉素之类，如果与BF、64BD比较起来，那才是“老式步枪”与“现代冲锋枪”的较量，不知相差多少倍。

正因为如此，目前有许多病理学家们正在潜心研究，想把它们应用到人类的抗菌治病方面来。如果能提取BF和64BD用于人类抗菌，无疑将是一大进步。

最近，日本东京大学药理学教授名取俊二先生，在他几年的实验和研究中，竟然在家庭常见的大麻蝇体液中，成功地提取了外源性凝集素，并从这种蛋白质中分离出了核糖核酸。他用这种凝集素应用于试验，奇迹般地发现：这种外源性凝集素能有效地干扰哺乳类动物体内的肿瘤细胞，首先是使肿瘤萎缩，随着时间的推移，竟慢慢地消失了。无疑，这对于人类的抗癌治癌开辟了一条新的途径。

视网膜

视网膜居于眼球壁的内层，是一层透明的薄膜。视网膜由色素上皮层和视网膜感觉层组成，两层间在病理情况下可分开，称为视网膜脱离。色素上皮层与脉络膜紧密相连，由色素上皮细胞组成，它们具有支持和营养光感受器细胞、遮光、散热以及再生和修复等作用。

萤火虫与照明光源

萤火虫

萤火虫会发光，很多人都知道。在夏季的夜晚，走到庭园或田野里去，当你看到一闪一闪的流萤飞舞在灌木丛的上空，就像一盏盏小灯笼，可能会脱口喊出“萤火虫”三个字来。萤火虫发光是为了照明吗？不是，它的发光是作为一种招引异性的信号。停在叶片上的雌萤火虫见到飞过的雄萤火虫发出的荧光后，立即放出断续的闪光，雄萤火虫见了就会朝它飞去。

在自然界除了萤火虫外，会发光的生物很多。动物界大约有1/3含有发光生物，海洋中会发光的细菌已知有70余种。热带和温带海面上出现的“海火”奇观，就是无数发光细菌聚集在一起放出的光所致。当然夜光虫更是“海火”的生成者。在某些深海水域，几乎95%的深海鱼类都会发光，一种斧头鱼，身体只有5厘米长，浑身透明，具有一系列的发光器，它在光线难以透进的深海中发光扩散而照亮了一定的范围，使得斧头鱼能在黑暗中识别同类，群聚或寻找对象。其实人本身也能发光，当然放出的光绝不会像神话小说中所描述的那样头上有光环，而是放出肉眼所不能见到的超微光。

人们对发光生物发出的生物光产生了浓厚的兴趣，这是因为：（1）生物光的效能实在太高。《古今秘苑》记载有：古时我国渔民用百多只萤火虫装入一个吹胀的羊膀胱内，将它结扎在渔网底下，就能招来鱼群，从而提高捕鱼量，数十只萤火虫装入囊中放出的光量就能解决车胤的夜读照明问题。如此高效能的光源是不会不被人们注意的；（2）爱迪生发明了电灯，取代了用火照明。电灯无烟，光亮而且安全，但是，当你靠近开亮的电灯泡，就会感觉到热，愈是接近愈觉得热，这说明电只有使灯泡的钨丝烧热才能发光，而且大部分能量都以红外线形式转变成热散发了。此外，这种热线对人眼是无益的，而生物光是目前已知惟一不产生热的光源，因此也叫“冷光源”，其发光效率可达100%，全部能量都用在发光上，没有把能量消耗在热或其他无用的辐射上，这是其他光源办不到的。

人们研究生物光，虽然对生物发光的机制还了解得不多，但就现有的研究和了解，已取得一定的效益。通过对萤火虫的研究，已知萤火虫约有1500多种，各自发出不同的光，作为自己特有的求偶信号，不同种之间不会产生误会。萤火虫的发光部位是在腹部，那里的表皮透明，好像一扇玻璃小窗，有一个虹膜状的结构可控制光量，小窗下面是含有数千个发光细胞的发光层，其后是一层反光细胞，再后是一层色素层，可防止光线进入体内。发光细胞是一种腺细胞，能分泌一种液体，内含两种含磷的化合物：一种是耐高热，易被氧化的物质叫荧光素；另一种不耐高热的结晶蛋白叫荧光酶，在发光过程中起着催化作用。在荧光酶的参与下，荧光素与氧化合就发出荧光，氧是从营养发光层的血管进入发光细胞的。由于血管随着它周围肌肉收缩而收缩，当血液中断供应时，氧就不能到达发光细胞，荧光也随之熄灭。生物发光需要氧，是英国学者波义耳在试验基础上发现的。波义耳将装有发光细菌瓶中的空气抽出，细菌立即停止发光。将空气重新注入，细菌又马上发光。后来才知道是空气中含氧所致。发光反应所需的能量是来自一种存在于一切生物体内的高能化合物，叫三磷酸腺苷，简称ATP。美国约翰·霍普金斯大学的研究人员将萤火虫的发光细胞层取下，制成粉末，将它弄湿就会发出淡黄色的荧光，当荧光熄灭时，若加入ATP溶液，荧光又会立即重现。说明粉末中的荧光素可被ATP激活。因此，萤火虫每次发光，荧光素与ATP相互作用而不断重新激活。

生物发光和光合作用都是“电子传递”现象。有人认为生物发光好像是光合作用的逆反应。光合作用是绿色植物吸取环境中的二氧化碳和水分，在叶绿体中，利用太阳光能合成碳水化合物，同时放出氧气。光能从水分子上释放电子，并把电子加到二氧化碳上，产生碳水化合物，这是一个还原过程。光合作用把光能转变成化学能，而生物发光是电子从荧光素分子上脱下来和氧化合，形成水，产生光。生物发光是将化学能转变成光能。

人们研究生物光是为了利用它，这种冷光源效能高、效率大、不发热、不产生其他辐射、不会燃烧、不产生磁场等特点，对于手术室、实验室、易燃物品库房、矿井以及水下作业等都是一种安全可靠的理想照明光源。人们还可以设法模仿发光生物把一种形式的能量转换成另一种形式的能量，制造冷光板，使其不需要复杂的电路和电力，就能白天吸收太阳光，到晚上再将光能放出来。

冷光灯

人们先是从发光生物中分离出纯荧光素，后来又分离出荧光酶。现在已能人工合成荧光素，这就使人类模仿生物发光创造出一种新的高效光源——冷光源成为可能。但是，人们对生物发光的认识还很肤浅，就拿研究得较多的萤火虫来说，萤火虫发光是为了交配，然而萤火虫的卵刚产下时，内部也发着光，萤火虫幼虫也会发光，这些又是为什么？它们是怎样发光的？人们都还不了解。因此，人类对生物发光研究得越清楚，对于创造这种新光源必然会越有利。

冷光源

冷光源是利用化学能、电能、生物能激发的光源（萤火虫、霓虹灯等）。具有十分优良的光学，变闪特性。

物体发光时，它的温度并不比环境温度高，这种发光叫冷发光，我们把这类光源叫做冷光源。

冷光源的发光原理是在电场作用下，产生电子碰撞激发荧光材料产生发光现象。具有十分优良的光学，变闪特性。冷光源工作时不发热，避免了与热量积累相关的一系列问题。

蝴蝶与温控系统

蝴　蝶

如果你有机会参观美国航天器博物馆，那里的讲解者将向你介绍，在解决人造地球卫星的温度控制方面，蝴蝶立下了“汗马功劳”。原来有一种蝴蝶的身体表面覆盖有一层细小的鳞片。当阳光直射，气温升高时，这些鳞片就会自动张开，以减小太阳光照射的角度，对太阳光能量的吸收随之减少；当外界气温下降的时候，这些鳞片又会自动地闭合，紧贴住蝴蝶的体表，让太阳光直射在鳞片上，从而使蝴蝶能吸收更多的太阳光能量。这样，蝴蝶就可以在外界空气有较大变化的条件下，仍然使自己的体温控制在一个正常的范围之内。

人造地球卫星在太空中遨游，它和太阳、地球的相对位置每时每刻都在发生着变化。就拿一颗离地球 300 公里左右的轨道上运行的人造卫星来说，大约在65% ~70%的时间内，它所处的轨道位置可以受到太阳光的强烈辐射，以致使卫星的温度有可能上升到摄氏一二百度；在其余的时间内，卫星将在地球的阴影区内运动，由于没有太阳光的辐射，卫星的温度有可能下降到摄氏零下一二百度。

为了不让卫星内部的各种仪器冻坏或烧毁，必须对卫星采取各种控温措施。其中有一种控温系统就与蝴蝶调节体温结构有着异曲同工之妙。这种控温系统外形很像百叶窗，每扇叶片的两个表面的辐射散热能力不同，一个

蝴蝶鳞片

很大，而另一个非常小。百叶窗的转动部位装有一种对温度很敏感、热胀冷缩性能特别明显的金属丝。当卫星温度急剧升高的时候，金属丝迅速膨胀，立即使叶片张开，辐射散热能力大的那个表面朝向太空，帮助卫星散热降低温度；当卫星温度突然下降的时候，金属丝会马上冷缩，并使每扇叶片闭合，让辐射散热能力小的那个表面暴露在太空，抑制卫星的散热，起到控温的作用。

蜗牛与复合陶瓷材料

在潮湿的地上，或者在树枝上，蔬菜的叶子上，常会见到蜗牛的活动。它们背着自己重重的壳，慢慢地向前蠕动，有一点儿风吹草动，软软的身子马上缩回壳里。

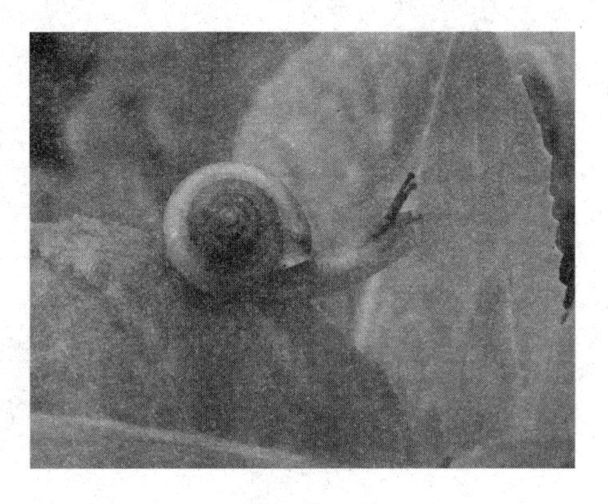

蜗　牛

蜗牛的壳很坚固，它给科学家们以极大启示。

蜗牛等软体动物的壳实质上是一种由碳酸钙层和薄的蛋白质层交替地组成的层状结构。碳酸钙硬而脆，但蛋白质层交替地夹在其中，能防止碳酸钙层的裂纹蔓延，从而使蜗牛壳变得又硬又韧。

复合陶瓷

最近，英国剑桥大学的科研小组研制出了一种类似蜗牛壳的层状组织，即用150微米厚的碳化硅陶瓷层和5微米厚的石墨层交替地叠加热压成复合陶瓷材料。碳化硅是一种非常硬而脆的陶瓷，但由于夹在中间的石墨层可以分散应力，又可以阻止一层碳化硅中的裂纹蔓延到另一层碳化硅中，因而不易碎裂，这就是仿生复合陶瓷材料。

仿生复合陶瓷材料可用来制造喷气发动机和燃气涡轮机的零件，如涡轮片等，它们不仅可以提高发动机的工作温度，还可以减少喷气发动机和燃气轮机对空气的污染。

复合材料

复合材料是由两种或两种以上不同性质的材料，通过物理或化学的方法，在宏观上组成具有新性能的材料。各种材料在性能上互相取长补短，产生协同效应，使复合材料的综合性能优于原组成材料而满足各种不同的要求。复合材料的基体材料分为金属和非金属两大类。金属基体常用的有铝、镁、铜、钛及其合金。非金属基体主要有合成树脂、橡胶、陶瓷、石墨、碳等。增强材料主要有玻璃纤维、碳纤维、硼纤维、芳纶纤维、碳化硅纤维、石棉纤维、晶须、金属丝和硬质细粒等。

蚂蚁与人造肌肉发动机

蚂蚁是动物界的小动物，可是它有很大的力气。如果你称一下蚂蚁的体重和它所搬运物体的重量，你就会感到十分惊讶！它所举起的重量，竟超过它的体重差不多有 100 倍。世界上从来没有一个人能够举起超过他本身体重 3 倍的重量，从这个意义上说，蚂蚁的力气比人的力气大得多了。

蚂　蚁

这个“大力士”的力量是从哪里来的呢？

看来，这似乎是一个有趣的“谜”。科学家进行了大量实验研究后，终于揭穿了这个“谜”。

原来，它脚爪里的肌肉是一个效率非常高的“原动机”，比航空发动机的效率还要高好几倍，因此能产生这么大的力量。我们知道，任何一台发动机都需要有一定的燃料，如汽油、柴油、煤油或其他重油。但是，供给“肌肉发动机”的是一种特殊的燃料。这种“燃料”并不燃烧，却同样能够把潜藏的能量释放出来转变为机械能。不燃烧也就没有热损失，效率自然就大大提高。化学家们已经知道了这种“特殊燃料”的成分，它是一种十分复杂的磷的化合物。

这就是说，在蚂蚁的脚爪里，藏有几十亿台微妙的小电动机作为动力。

这个发现，激起了科学家们的一个强烈愿望——制造类似的“人造肌肉发动机”。

从发展前途来看，如果把蚂蚁脚爪那样有力而灵巧的自动设备用到技术上，那将会引起技术上的根本变革，那时电梯、起重机和其他机器的面貌将焕然一新。

现在我们用的起重机一般也是靠电动机工作的，但是做功的效率比起蚂蚁来可差远了。为什么呢？因为火力发电要靠烧煤，使水变成蒸汽，蒸汽推动叶轮，带动发电机发电。这中间经过了将化学能变为热能，热能变成机械能，机械能变成电能这么几个过程。在这些过程中，燃烧所产生的热能，有一部分白白地跑掉了，有一部分因为要克服机械转动所产生的摩擦力而消耗掉了，所以这种发动机效率很低，只有30% ~40% 。而蚂蚁发动机利用肌肉里的特殊燃料直接变成电能，损耗很少，所以效率很高。

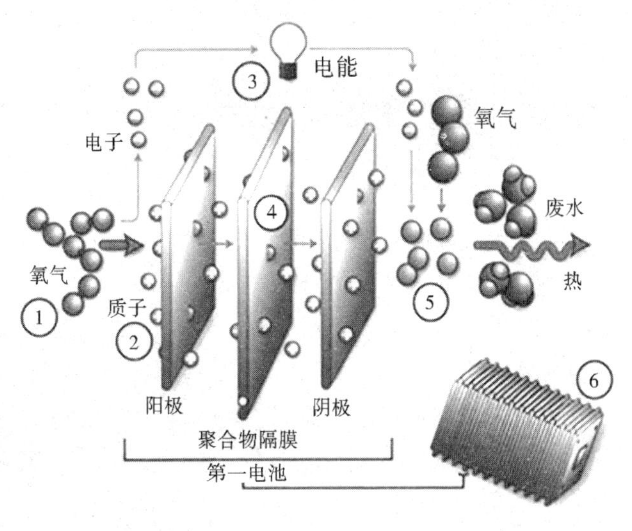

燃料电池

人们从蚂蚁发动机中得到启发，制造出了一种将化学能直接变成电能的燃料电池。这种电池利用燃料进行氧化—还原反应来直接发电。它没有燃烧过程，所以效率很高，达到70%～90%。

尺蠖与坦克

尺　蠖

有种动物叫尺蠖，它前进的时候是身体一屈一伸地行动，人们模仿它的行走方式，制造出了一种带有行走部分的轻型坦克。这种坦克能够越过较大的障碍物，当它隐蔽在掩体里时，能升起炮塔射击，射击后再隐蔽起来。这种坦克的通行能力比以前的坦克提高了许多。

设计人员还模仿双壳贝壳的构造，设计了具有较好流线型的炮塔，并大大降低了坦克高度。这种坦克车内的武器装备排列得十分紧密，是模仿软体动物的消化器官排列的。像软体动物吃食物那样，炮弹从弹药盒进入炮塔，而后沿类似于食道的送弹槽被送到类似于胃的炮的后部，周围的类似于消化腺的药室则可收集和排出射击时产生的火药气体。在像贝壳的顶盖下面，有两个供坦克乘员半躺的座椅。这一方案，是为解决现代坦克的重要设计问题的一种卓有成效的尝试。

坦　克

坦　克

坦克，或者称为战车，现代陆上作战的主要武器，有“陆战之王”之美称，它是一种具有强大的直射火力、高度越野机动性和很强的装甲防护力的履带式装甲战斗车辆，主要执行与对方坦克或其他装甲车辆作战，也可以压制、消灭反坦克武器、摧毁工事、歼灭敌方有生力量。坦克一般装备有中或大口径火炮（有些现代坦克的火炮甚至可以发射反坦克/直升机导弹）以及数挺防空（高射）或同轴（并列）机枪。

苍蝇与气体分析仪

苍蝇也有惊人的嗅觉，它的非常灵敏的嗅觉感受器分布在触角上。这种感受器能把气味物质的刺激立即转变成神经电脉冲。模仿苍蝇嗅觉器官制成的灵敏度很高的小型气体分析仪，已用于分析宇宙飞船座舱里的气体。

苍蝇

气体分析仪

气体分析仪

气体分析仪是测量气体成分的流程分析仪表。在很多生产过程中，特别是在存在化学反应的生产过程中，仅仅根据温度、压力、流量等物理参数进行自动控制常常是不够的。由于被分析气体的千差万别和分析原理的多种多样，气体分析仪的种类繁多。常用的有热导式气体分析仪、电化学式气体分析仪和红外线吸收式分析仪等。

蚕与人造丝

走进商店里，大家常会被那绚丽的丝绸所吸引。舒适的感觉，明艳的色泽，给人以极大的诱惑。在夏季拥有丝绸做成的衣裙是许多女孩子的美好心愿。

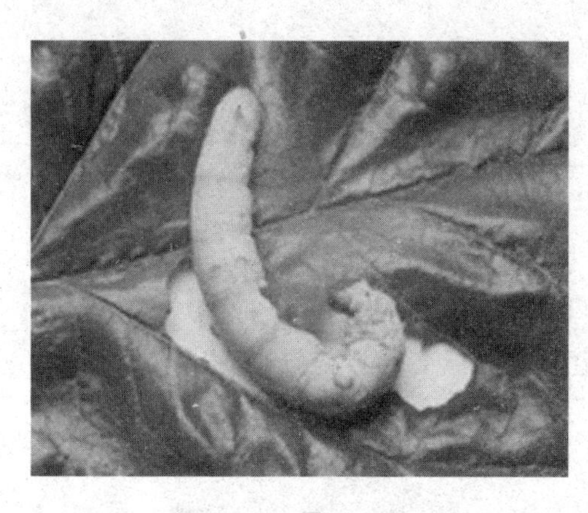

蚕

丝绸是一种比较名贵的织物，我国是丝绸的故乡。直到现在，人们还常常把丝绸同中国的古老文明连在一起。河西走廊穿过茫茫大漠，将美丽的丝绸和文明一起带到欧洲，人们叫它“丝绸之路”。

在古时候，丝绸只有富人才穿得起，它有时候也就成了身份和地位的象征。从一首唐诗就可知当时的情景：“昨日入城市，归来泪满巾，遍身罗绮者，不是养蚕人。”

以前的丝绸，是用蚕吐出的丝做成的。人们经过研究发现，蚕丝是一种蛋白纤维。人们用桑树的叶子喂蚕，经过一段时间，蚕吐出丝，结成茧，人们把茧经过处理，抽出丝然后才能织出衣料。

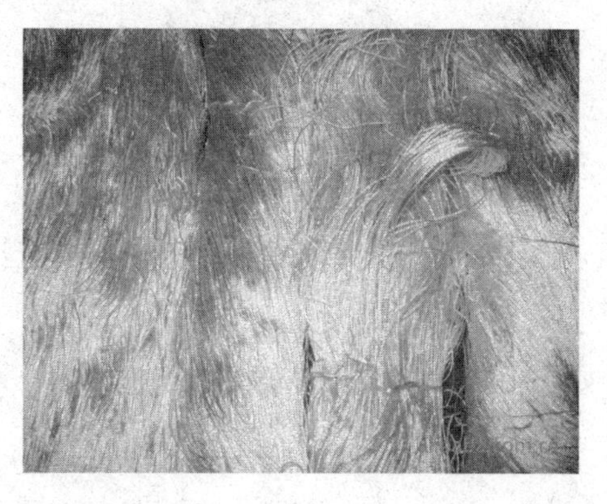

人造丝

随着时间的推移，天然的蚕丝越来越不能满足人们的生产需求。于是，人们便想，能不能模仿蚕吐丝用人工的方法生产“丝”呢？

1855 年，瑞士人奥蒂玛斯用硝化纤维溶液成功地制取出纤维。1884 年，法国人夏尔多内将硝酸纤维素溶解在乙醇或乙醚中制成粘稠液，再通过细管吹到空气中凝固而成细丝。1891 年在法国贝桑松建厂进行工业生产，但由于这种纤维易燃，生产中使用的溶剂易爆，纤维质量差，不能大量发展。

不久以后，人造纤维的大规模生产就变为现实。

1933 年，蛋白质纤维开始生产。人造丝的生产，为纺织业提供了大量原料。1922 年，世界人造丝产量超过了真丝的产量。

现在，我们见到的那些五光十色的丝绸，大部分都是人造丝。如今的丝绸，已经进入百姓家。

蜘蛛的启示

有些辛勤的昆虫，昼夜寻花采蜜，它们凭着什么样的夜视眼才能摸黑飞行呢？有人这样假想，它们可能装备了紫外线“雷达”。那些晚间靠昆虫授粉的花儿受了昆虫发出的紫外线照射，便会放出明亮的光芒，昆虫接受到这种回波便追踪而至。同时，人们发现，蜘蛛和它们的网在紫外线照射下却丝毫不发光，这样那些夜行的昆虫就不免误投罗网了。蛛网一经触动，哪怕是极轻微的震动，蜘蛛腿上特别灵敏的振动传感器立即就感受到了，稳坐蛛网中央的蜘蛛，便会飞奔过去，把昆虫逮住，美餐一顿。

蜘　蛛

科学家现已探明，蜘蛛的飞毛腿根本没有肌肉，甚至连肌肉纤维也没有。最令人感兴趣的是它的跳跃不是由肌肉，而是依靠压向大腿的体液来提供动力的。蜘蛛的脚竟是一种独特的液压传动机构，在这个装置中的液体就是血液。进一步研究证明，它们依靠这种装置，能够把血压迅速升高，使软的脚爪变硬。也正是依靠这种液压传动，蜘蛛才能成为优秀的跳高运动员，它能跳到10倍于身高的高度。据计算，要取得这样的成绩，它们必须在刹那间把自己的血压提高半个大气压。测量蜘蛛脚伸展时脚爪内的张力，刚巧等于这样的压力。

仿生车构造模型

受蜘蛛脚液压传动机构的启发，加拿大多伦多舞蹈学校教师高登·道顿发明了一种奇特的仿生车。这种座车采用铝和玻璃纤维做材料，重6.35千克，它由液压装置驱动，用一个模铸的座子和在臀部以及脚后跟下的一些小轮子装配而成。使用时，只要对后端和膝盖处的两个活塞中的任何一个施加压力，就可以驱动电动机使液体压入另一个活塞。如果朝后倾斜，液体就涌入较低的活塞，从而使膝盖伸展开，如向前倾则会使膝盖弯曲。虽然仅仅依靠上肢，但使用者看起来就像是在用下肢的小腿移动。

这种蜘蛛仿生车相对于轮椅来说，能给残疾者更大的活动范围。使用者坐姿很低，可以用手来推行。一位每周使用一小时的患者说："它有点像滑冰板，不同的是你坐在上面。"有关专家认为，这种座车有助于截瘫者生长肌肉，促进血液循环。

前不久，美国一家公司还推出一种"蜘蛛人"装置，其外形与蜘蛛相仿，身躯下有6只吸脚，能在大楼外自由行走，从容跨越，更令人惊叹的是，这种"面目可憎"的"蜘蛛人"，竟能按指令完成2万个动作，刮、铲、冲、洗，无所不能。回想起来，世界上第一个现代机器人"降临"人间迄今还不过30年，但已迅猛地壮大起来，并不断更新换代，向"智能化"过渡。

蜘蛛机器人不光在上述民用领域里大显身手，而且还跻身于广泛应用尖端科技的军事领域，成为战场上冲锋陷阵、刀枪不入的"钢铁士兵"。美国奥地狄克斯公司对"蜘蛛"式六腿机器人进行了多年的研究。这种机器人的上部是一个圆球玻璃罩，里面装有摄像机和各种传感器；下部为六条细长的有关节的腿，整个机器人的形状酷似一只六腿蜘蛛。腿部可自由地伸直和弯曲，可在平地行走，也可在普通履带车和轮式车无法行驶的地方行走，还可以攀登楼梯或斜坡。“透明脑袋”中的传感器可接收各种信息，操作人员通过无线电控制它的行动。

蜘蛛丝与防弹衣

蜘蛛营造网的技能很高，而且结构合理、形状多样。三角形的、八卦状的、漏斗形的、华盖状的、圆币形的、不规则形的等等。蜘蛛按一种高级几何曲线“对数螺线”的无穷曲线形式织网，人工难以画得像它那样匀称、美观。斑点金蛛织出比自行车轮还大的巨大圆网。危地马拉有一种蜘蛛，总是几十只汇聚在一起集体吐丝，织出硕大的网。这网有美丽的图案，红红绿绿十分好看，而且还能抗风抵雨，不易损坏。当地居民竞相采用这种蛛网来做窗帘。

蜘蛛丝

防弹衣

美国马萨诸塞州研究中心的军事科学家和分子生物学家们经过深入研究，发现了蛛丝的不少奥秘。首先，蛛丝的延伸力很好。目前，世界上流行的防弹衣使用的凯夫拉纤维，其延伸力超过4%时就会断裂，而蛛丝延伸到14%还安然无恙，超过15%才会断裂。蛛丝这种极强的弹力，对于来自子弹的外力冲击能起到很好的缓冲作用，因此，它是一种最理想的防弹服装的材料。蛛丝的另一大特点是它的“玻璃化转变温度”极低。试验证明，蛛丝在零下50℃～60℃的低温下才出现“玻璃化”状态，开始变脆。而现行的大多数聚合物“玻璃化”温度只到零下十几度。蛛丝的这一特性，使其制作的降落伞、防弹衣和其他装备，即使在冰点以下的环境里仍具有良好的弹性；在骤然而至的重物袭击下，依然有极佳的承受能力。

蜂窝与太空飞行器

航天飞机、宇宙飞船、人造卫星等太空飞行器，要进入太空持续飞行，就必须摆脱地心引力，这就要求运载它们的火箭必须提供足够大的能量。

蜂　窝

要把地球上的太空飞行器送到地球大气层外，至少要使该飞行器获得7.9公里/秒的速度，此即第一宇宙速度；而要使飞行脱离地球，飞往行星或其他星球，则需达11.2公里/秒的速度，此谓第二速度。

为了使太空飞行器达到上述速度，运载火箭就必须提供相当大的推力。因为运载火箭上带有推进剂、发动机等沉重的“包袱”。按目前航天技术水平，平均发射1千克重的人造卫星就需要50～100千克的运载器，反之，太空飞行器自身重量越轻，也就可大大减轻运载火箭身上的“包袱”，也就能使太空飞行器飞得更高、更远。

为减轻太空飞行器的重量，科学家们绞尽脑汁，与太空飞行器“斤斤计较”。可要减轻飞行器重量，还要考虑不能减轻其容量与强度。科学家们尝试了许多办法都无济于事，最后，还是蜂窝的结构帮助科学家解决了这个难题。

大家都知道，蜜蜂的窝都是由一些一个挨一个，排列得整整齐齐的六角小蜂房组成的。18世纪初，法国学者马拉尔琪测量到蜂窝的几个角都有一定的规律：钝角等于109°28′。锐角等于70°32′，后来经过法国物理学家列奥缪拉、瑞士数学家克尼格、苏格兰数学家马克洛林先后多次的精确计算，得出如下结论：消耗最少的材料，制成最大的菱形容器，它的角度应该是109°28′

和 70°32′，和蜂房结构完全一致。但如果从正面观察蜂窝，蜂房是由一些正六边形组成的，既然如此，那每一个角都应是 120°，怎么会有 109°28′ 和 70°32′呢？这是因为，蜂房不是六棱柱，而是底部由三个菱形拼成的“尖顶六棱柱形”。我国数学家华罗庚经精确计算指出：在蜜蜂身长、腰围确定情况下，尖顶六棱柱形蜂房用料最省。

太空飞行器

蜂窝的这种结构特点不正是太空飞行器结构所要求的吗？于是，在太空飞行器中采用了蜂窝结构，先用金属制造成蜂窝，然后再用两块金属板把它夹起来就成了蜂窝结构。这种结构的飞行器容量大，强度高，且大大减轻了自重，也不易传导声音和热量。因此，今天的航天飞机、宇宙飞船、人造卫星都采用了这种蜂窝结构。

科学发展就是如此，有时看起来高不可攀的难题，只要开动脑筋，善于从日常生活中觅取线索，可能就会迎刃而解。小小的蜂窝，似乎与伟大的航空航天事业风马牛不相及，但仿生学却将它们紧密地联系在了一起，推动了人类社会的发展与科技的进步。

夜蛾与反雷达装置

在亿万年的动物演化过程中，许多动物都形成了一套进攻和防御的手段，以便能在复杂的生态环境中生存。夜晚围绕灯火飞舞的夜蛾，就有一套装备精良的“反雷达”装置，可以帮助它逃避蝙蝠的捕捉。

夜蛾是鳞翅目夜蛾科昆虫的通称，它的种类极多，约 2 万种以上，都是危害性极大的害虫。夜蛾和幼虫吞食农作物、果树、木材等等，其中粘虫分布最广、食性混杂，危害最大。螟蛾、斜纹夜蛾、大、小地老虎、棉铃虫、金刚钻等均属于夜蛾类，是农业上的敌害。

夜 蛾

夜蛾类昆虫的体内有个特殊的结构，位于胸部与腹部之间的凹陷处，是十分灵敏的听觉器官，称为鼓膜器。鼓膜器的表面有一层极薄的表膜，它与内侧的感觉器相连。同时在内部还有许多空腔，可使传来的振动加强。感觉器内的两个听觉细胞，可使传入振动变为电信号，传入中枢神经并进入脑。

科学家们做了这样一个实验，把夜蛾固定在扬声器前，然后用扬声器播放模拟蝙蝠发出觅食搜索的超声波，夜蛾顿时显得惊恐万状，丑态百出。如果不将夜蛾固定，它们立即逃得无影无踪了。科学家们又把鼓膜器的神经剥出，把它与示波器相连，当扬声器发出超声时，示波器上出现了神经发出的电脉冲。若将鼓膜破坏，示波器上则毫无变化。这个实验证明鼓膜器是夜蛾专门用来截听蝙蝠超声“雷达”波的耳朵，故称为“反雷达”装置。

还有些夜蛾具有其他反蝙蝠超声探测的装置，这些夜蛾的足部发出一连串的“咔嚓”声音，干扰蝙蝠超声雷达，使它们无法确定夜蛾的准确位置。有的夜蛾更为奇特，它们全身披满吸收超声的绒毛，好似一件“隐蔽服”，使蝙蝠发出的超声波得不到足够的回声，从而逃过蝙蝠的捕捉。可见夜蛾的“反雷达”系统相当先进，在自然界中，蝙蝠要捕获一只夜蛾是不太容易的。

反雷达装置

科学家们根据夜蛾的反超声定位器的原理，研制出一些特殊的装置。首先在农业上利用蝙蝠超声发音器，将模拟蝙蝠发出的声音播放到农田中，驱赶夜蛾类农业害虫，效果极好。另外在军事上用途更大，科学家模仿夜蛾的反雷达装置，在军用飞机和舰船上安装雷达监测器和干扰系统，可以随时发现敌方雷达发出的电波及准确的频率，然后放出巨大能量的干扰电波，使对方雷达系统产生混乱，无法发现己方的准确位置。在现代化的战斗机上都有一层吸附雷达电波的涂层，不容易被敌方雷达所发现，都是这个道理。

气步的启示

在欧洲、美洲和我国的部分地区，生活着一种奇怪的甲虫。它们隐藏在水边的石块下，夜间出来活动。一旦遇到敌害进攻，它们会转过身体，从肛门喷出灼热的烟雾，类似爆炸的声响，浓烟有半尺多高，带有浓硝酸的气味，使天敌感到辛辣刺鼻，头痛眼花，常使1米多长的犰狳望而生畏，迅速逃窜。其他动物更不在话下，螳螂，青蛙和老鼠如果遇到烟雾会使眼睛失明。人的皮肤若接触到气体会被灼伤。这种昆虫就是气步，俗称放屁虫，由于它们从肛门放出毒气而得名。

放屁虫

气步，属于鞘翅目的昆虫。在它的腹部有个特殊的化学反应室，反应室两侧有两个腺体，分别贮存不同的物质。一个生产贮存对苯二酚，另一个内含过氧化氢，两个腺体有阀门与反应室相通。平时两种物质相互隔离，十分安全，气步也过着平静的生活。当气步遇到了敌害，感觉受到了威胁时，会猛烈收缩腹部，把贮存在腺体内的两种物质排入反应室里，在反应室内还有一种高效反应催化剂——过氧化氢酶。在酶的作用下，对苯二酚与过氧化氢快速氧化为有毒的醌，同时反应会放出大量的热量使醌的水溶液沸腾后以气雾状射出，发出啪啪的爆炸声。来犯者受到这种突如其来的打击，往往狼狈逃窜。气步的化学炮弹效率很高，可以连续4~5次重复开炮，最多可达到20

灭火器

次以上。

气步的化学武器给了科学家们很大启示，现代的泡沫灭火器，火箭及化学兵器都是根据气步的体内结构设计出来的。

一般使用的泡沫灭火器，钢瓶里有两个容器。内瓶放入硫酸铝，外瓶存入硫酸氢钠溶液。平时正放的时候，两种药品互不接触，没有化学反应。一旦发生火灾，人们把灭火器倒转过来，碳酸氢钠与碳酸铝相互混合，产生了剧烈的化学反应，生成二氧化碳和氢氧化铝泡沫，并随着压力增大喷射出来，覆盖在燃烧的物体上，使燃烧物隔绝氧气，火焰熄灭。

液态火箭的推动装置更是如此，人们将液态的氢气和氧气分别贮在火箭内不同的容器中，有阀门通向燃烧室。平时将阀门关闭，不发生反应。一旦火箭点火时，阀门开启，氧气与氢气分别通过管道进入燃烧室。在剧烈的化学反应时放出大量的水和热量，水又变成高压的水蒸气从尾部喷出，巨大的推动力使火箭高速前进。

液体火箭

人们虽然模仿了动物体内的一些化学反应程序，但是科学家们认为：与动物相比，一般的化学工厂及火箭装置的反应效率极低，能量消耗太大。主要是缺少高效反应催化剂——酶，现在人们正在试图模拟生产类似生物体内的各种酶系，到那时，化学工业将产生新的技术革命。

跳蚤的启示

跳蚤是昆虫世界里有名的跳高健将。它身长不到5毫米，跳高纪录是22厘米，跳远纪录是33厘米。如果按身高、体长的比例来计算，它算得上是动物世界的跳高冠军了。

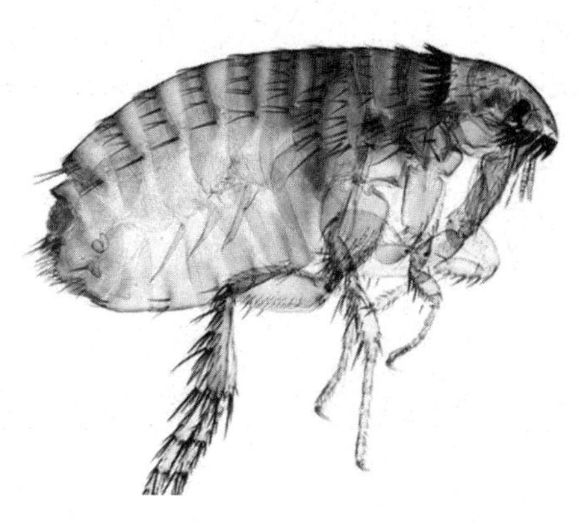

跳 蚤

跳蚤为什么有如此高超的跳跃本领呢？

在电子显微镜下，就能清楚地看到跳蚤后足的肌肉很发达。肌肉的主要成分是蛋白质，而组成动物肌肉蛋白质的种类很多，它们分管着爬行、飞行、弹跳等等不同的功能。有一种能帮助跳蚤弹跳的蛋白质，叫做肌球蛋白和肌动蛋白，它们能促使跳蚤后足的肌肉强有力地收缩，收缩的力量越强，发挥出来的力量越大，跳得就越高。

肌肉的蛋白质里，还有一位叫酶的“朋友”，它专门协助肌肉加快运动速度，促进新陈代谢。酶和肌球蛋白、肌动蛋白在跳蚤脑神经指挥下，迅速接受“命令”，使肌肉很快收缩。这种肌肉运动非常迅速，每当肌肉收缩的时候，比原来处于静止状态的时候要缩短三分之一左右，一张一弛，整个过程只要几分之一秒，所以，跳蚤蹦得又快又高，当然你就不容易捉住它了。

科学家发现，昆虫的肌肉特别发达，肌肉纤维的数目，比人类及其他脊椎动物要多得多。比如，鳞翅目昆虫的幼虫就有1000~4000条，人们把柳木蠹蛾的幼虫解剖，除了头部以外，就有1647条肌肉，而人的肌肉还不到800条。

科学家还发现，如果按照比例计算，昆虫肌肉发挥出的力量，同昆虫身体大小成反比。比如，一种小甲虫，体重只有6克，它能拉动一辆重1093克的小玩具车，等于自己体重的182倍；而一种小小的贝雅尔果虫，竟能背动比自身重900倍的物体。

跳蚤繁衍在地球上至少有4000万年了，渐新世琥珀地层中发现的蚤化石证明了这一点。跳蚤除人体蚤以外，还有猫蚤、狗蚤、兔蚤、家禽蚤、鼠蚤和蝙蝠蚤等等。

科学家从昆虫的肌肉活动中得到启示，用各种化合物来制造出一种人造的“肌肉发动机”。比如，有一种叫胶原蛋白质的分子，很像螺旋弹簧，同肌肉纤维结构相似，当它遇到一种溴化锂的催化剂溶液的时候，就会收缩；再用水清洗时，它又恢复到原来的长度。人们把这类化合物放在预制的管道和模具中，胶原蛋白质就在里面收缩和伸长。这样，往复不已，起到了举重、牵引、垂压等机械功能作用。

白蚁的启示

白　蚁

白蚁喜欢温湿的环境，因此我国南方的白蚁危害很普遍。多数种类的白蚁怕光，它们很少在地面上进行破坏，所以，白天人们是很难看到它们的。在湖北荆江大堤上，有辆吉普车驶过，突然陷进了堤里；广东有个水库，有头牛在堤上缓步行走，突然陷进了堤里。后来查明，造成这些怪事的罪魁祸首是白蚁。广东漠阳江的堤坝，有次发生 18 处决口，其中 6 处是白蚁所破坏的。

国外的白蚁也干了不少的恶作剧。它们中有的种类就在地面上活动。在澳大利亚，一大群白蚁曾经咬穿了铅制的墙壁，钻进一个地窖里，把装在木桶里的 7000 公升啤酒“喝”了一大半。然后，又咬穿墙壁进入一家宾馆的房间里，把全部的木器家具蛀坏。在斯里兰卡，一大群白蚁把一座监狱的砖墙“咬”了个大窟窿（其实，是白蚁分泌的蚁酸，把砖墙腐蚀了），结果使关押在那里的一批犯人逃跑了。在埃及，有个农民在古坟地挖土，惊动了穴中的白蚁，于是几百万只白蚁进入城市，建筑物遭到了白蚁的蹂躏。

要解除白蚁的危害，首先得注意预防，修建房屋的时候，地基最好建水泥层，使建筑物同泥土隔开。同地下接触的木桩、电杆、坑木，都要涂上防蚁涂剂。清除房屋四周的枯木、树根等朽木，消除白蚁栖息的场所。发现蚁孔和蚁穴，用灭蚊灵粉剂喷洒或用熏蒸剂熏蒸，采用灯光诱杀、网罩捕杀。

各国科学家开展了防治白蚁的研究。德国柏林联邦材料检验研究院的实验室里培育着世界各地的白蚁达40种，某些种的白蚁群体有几百万只，研究白蚁的生态和生理特性，从而研制木材防腐剂和接触性杀虫剂，并且正在研制耐白蚁和抗白蚁的合成物。科学家发现，白蚁有种奇特感觉，在构筑泥路和通道的时候，受磁场、电场和引力场的影响而随时改变线路和位置。

美国昆虫学家伯德在实验中发现，黑蚁是白蚁的天敌。黑蚁和白蚁如果相遇，就会进行全面的战斗，在较短的时间内，黑蚁会使白蚁的数量减少到十分之一。他的第一次试验是在林中和旷野上进行的，把一群黑蚁放到白蚁周围，黑蚁就展开了进攻，过了两星期，白蚁乖乖地把自己的领地让给了黑蚁。另一次，他把泥穴中的黑蚁迁移到居住有白蚁的实验场地附近，两小时以后，白蚁全部撤离了。“以虫除虫”，真是个好办法。

黑　蚁

白蚁破坏性很大，可有时候也能帮人干点事情。

国外科学家在土库曼卡拉库姆附近进行的白蚁尸体详细分析，发现白蚁身上有银、锶、铬、钛、镍、铜等23种元素。原来，白蚁钻入地下十几米深的地方，饮用含有盐分的水，时间一久，多种金属就在体内聚积起来，它们的身体就含有多种元素。它可以成为帮助人们寻找矿物的特殊指示器。

昆虫隐身术的启示

隐身飞机

昆虫的隐身术是相当高明的。一只蝴蝶落到花朵上，看上去好像是为花朵增加了一个花瓣。树上的蜘蛛不结网，只是静静地躲在花上，变成花一样的颜色，便可轻易地捉到前来栖息的幼虫。

在军事技术中，也有类似的隐身技术，不过，这里的“隐”字，不是对眼睛说的，而是对雷达、红外电磁波和声波等探测系统说的。目前，军用飞行器的主要威胁是雷达和红外探测器。

用什么办法对付这种威胁呢？科学家们经过刻苦地研究，隐形材料应运而生了。隐形材料是指那些既不反射雷达波，又能够起到隐形效果的电磁波吸收材料。它是用铁氧体和绝缘体烧结成的一种复合材料。这种材料是由很小的颗粒状物体构成的。电磁波碰到它以后，就在小颗粒之间形成多次不规则的反射，转化成热能被吸收了。这样，雷达就收不到反射波，也就发现不了飞行器。

到本世纪 80 年代初，神秘的飞行器隐身技术有了新的突破。它跟高能激光武器和巡航导弹列为军事科学技术上的三大革新。美国计划投入使用的 B—LB 战略轰炸机，就用上了一些重要的隐身技术。其雷达反射截面不到 1 平方米，是 B－52 型轰炸机的 1%。这种飞机将取代目前的 B—52 战略轰炸机。1983 年底，日本防卫厅宣布，它跟美国国防部合作研制出了一种雷达发现不了的新导弹。这种新导弹上面涂有含有特殊合金的铁酸盐涂料，它可把雷达的电磁波迅速转化成热能。

目前，除了先进技术轰炸机正在试飞行外，实用的隐身巡航导弹、隐身飞机等都将问世。

隐身技术

隐身技术，隐身是个通用的术语，是控制目标的可观测性或控制目标特征信号的技巧和技术的结合。与隐身有关的术语还包括特征信号控制、降低雷达截面、特征信号互动、低可观测性、十分低可观测性等。目标特征信号是描述某种武器系统易被探测的一组特征，包括电磁（主要是雷达）、红外、可见光、声、烟雾和尾迹等6种特征信号。据统计，空战中飞机损失80～90%的原因是由于飞机被观测。降低平台特征信号，就降低了被探测、识别、跟踪的概率，因而可以提高生存能力。降低平台特征信号不仅仅是为了对付雷达探测，还包括降低被其他探测装置发现的可能性。隐身是通过增加敌人探测、跟踪、制导、控制和预测平台或武器在空间位置的难度，大幅度降低敌人获取信息的准确性和完整性，降低敌人成功地运用各种武器进行作战的机会和能力，以达到提高己方生存能力而采取的各种措施。

昆虫楫翅的启示

苍蝇等双翅目昆虫后翅的痕迹器官——楫翅，不但能使昆虫不用跑道而直接起飞，而且是使昆虫保持航向的天然导航器官，因此又称为平衡棒。昆虫飞行时，楫翅以330次/秒的频率不停地振动着。当虫体倾斜、俯仰或偏离航向时，楫翅振动平面的变化便被其基部的感受器所感觉。昆虫脑分析了这一偏离的信号后，便向一定部位的肌肉组织发出指令去

昆虫翅膀

纠正偏离的航向。

人们根据昆虫楫翅的导航原理，研制成功了一种“振动陀螺仪”。它的主要组成部件形似一个双臂音叉，通过中柱固定在基座上。音叉两臂的四周装有电磁铁，使其产生固定振幅和频率的振动，以模拟昆虫楫翅的陀螺效应。当航向偏离时，音叉基座随之旋转，致使中柱产生扭转振动，中柱上的弹性杆亦随之振动，并将这一振动转变成一定的电信号传送给转向舵。于是，航向便被纠正了。由于这种“振动陀螺仪”没有普通惯性导航仪的那种高速旋转的转子，因而体积大大缩小。受到这类生物导航原理的启示，人们逐渐地发展了陀螺的新概念，还制成了高精度的小型“振弦角速率陀螺”和“振动梁角速度陀螺”。这些新型导航仪现已用于高速飞行的火箭和飞机，能自动停止危险的“翻滚飞行”，自动平衡各种程度的倾斜，可靠地保障了飞行的稳定性。

振动陀螺仪

痕迹器官

痕迹器官，在动物体上尚残存1种或数种对个体的生存无明显功能的器官，称为“痕迹器官”。如生活在海中的鲸的后肢已经完全退化，但在体内还有腰带骨、股骨和胫骨等后肢骨的遗迹。海牛的前肢变为桨状，指端还保留有退化的蹄的痕迹，后肢退化，但仍保留着残存的后肢骨。这些痕迹器官足以证明鲸和海牛起源于陆生脊椎动物。

这类器官在动物的进化过程中，一般都属于退化器官，如无脊椎动物昆

虫纲中蚊、蝇的后翅，退化变成平衡棒；脊椎动物爬行纲中的蟒蛇，尚有残存的后肢骨；哺乳纲中的鲸，有的种类在嘴边尚保存有若干根毛，后肢虽已完全退化，但还有腰带和后肢骨的痕迹。与此对比，家兔的盲肠连同蚓突长达半米，相当于一个大的发酵口袋，兔吃进去的草料中的纤维素就是依靠盲肠内的微生物进行发酵分解。

“痕迹器官”的存在，支持了生物进化论的观点，有助于了解各种器官的演变过程和该种动物的进化历程。

昆虫的独门绝活

KUNCHONG DE DUMEN JUEHUO

丰富多样、神采各异的昆虫种类，它们各自的美与丑、情与趣、好与恶、利与害，全部体现在自身独特的体貌、奇异的言行和非常的生活之中。在这样一个充满活力和神奇的昆虫世界中，无论是美丽的蝴蝶、轻盈的蜻蜓、机敏的蟋蟀、勤劳的蜜蜂，还是丑陋的跳蚤、讨厌的蚊子和蟑螂、成灾的蝗虫，它们都本领各异，独具魅力。

白蚁——高超的建筑师

在我国的古书（如《尔雅》、刘向《说苑》、郭义恭《广志》等）中所列的蚁、蛆、蟓、蜜、木蚁等名称，都把白蚁与蚂蚁混为一类，白蚁之名始见于苏轼《物类相感志》（1101 年），可见从宋代开始，古人才把蚂蚁与白蚁明显区别开来。其实，白蚁是半变态昆虫，它的工蚁、兵蚁都包括有雌雄两性个体，蚂蚁是全变态昆虫，它的工蚁都是雌性个体。在外部形态方面两者也有显著区别：白蚁腹基部较粗壮，蚂蚁腹基部收缩极细，胸腹间有明显区分。白蚁在昆虫类中属于原始型种类，而蚂蚁是属于较进化型的种类。

白蚁的家族通称巢群或巢居，是所有动物中最复杂而先进的家庭组织，并且是以一夫一妻的单配制为基础的，经过产卵、繁殖、发育、分化，形成一个集团即巢群，每一巢群的个体数，往往增殖到几十万只，有时超过 100 万只以上。有些种类在一个群体中只有一个蚁王和蚁后，有些种类虽然有几个，但与蚂蚁和蜜蜂不同，不是仅有短暂的婚飞，而是过着真正意义上的婚姻生活，在许多年以后，一对白蚁夫妇仍然在继续交配。这样有助于使白蚁成为所有昆虫中最成功的物种。

厦门白蚁

在这样庞大的集体中，一般可分为生殖和非生殖两个类型，即俗称的繁殖蚁和不育蚁。繁殖蚁中又有两类：原始繁殖蚁和补充繁殖蚁。原始繁殖蚁包括蚁后及蚁王，它们的皮肤几丁化程度较高，色泽亦较浓，成虫时期有充分发达的翅。所以又称大翅型（简称第一型）。补充繁殖蚁包括色泽较浓，成虫时期有短形翅的短翅型补充繁殖蚁（简称第二型）和色泽稍淡，成虫完全缺翅的无翅型补充繁殖蚁（简称第三型）。在一般情况下，每一巢群中仅有原始繁殖蚁一对。当其死亡或遭致遗失后，该巢群的繁殖任务常被多数补充繁殖蚁所替代。

白蚁家族是庞大的集体

繁殖蚁除进行繁殖的基本任务外，在一定时期亦进行巢群的分殖，通称分群，由此创建新的巢群。

不育蚁的品级有工蚁和兵蚁两类，都是无翅的，一般更是盲目的个体。不育蚁各品级有时还有多形态现象，如大工蚁、小工蚁、大兵蚁、小兵蚁，有时更有中间类型。工蚁占群体中极大部分。它们的任务是保护卵子及幼虫、采集食料、对其他品级进行哺喂给食、清洁筑巢等。兵蚁由于有大型上颚，所以主要承担对敌防御工作。

白蚁的头部有圆形、卵圆形、近长方形等形状。兵蚁的头很大，形态的变化也特别显著。工蚁和繁殖蚁的头大多数为圆形或卵圆形。有翅成虫的头部两侧有复眼一对，在复眼的背方或背前方有五色透明的单眼一对。白蚁的胸部由前胸、中胸、后胸三节组成。每一胸节的腹面生足一对，足一般非常短，但也有少数种的足相当长。有翅成虫的中胸和后胸背面，各生翅一对。翅为薄膜质，形状狭长，不飞时平贴于背部，向后伸过腹部末端。翅面平坦或密布刻点。前翅略长于后翅。白蚁的腹部圆筒形或橄榄形，由 10 节组成。

白蚁属于等翅目昆虫

白蚁是属于等翅目的昆虫，全世界已经记录的种类有 3000 多种，主要分布在热带、亚热带地区，我国已知有 400 多种。白蚁是比较原始性的昆虫，是由像蟑螂一样的祖先进化而来，那时它们就具有了吃木材的能力。事实上，只是视力退化的工蚁才大量地咀嚼木材，并且把获得的食物从它们的嘴和肛门中吐出来喂养白蚁群中的其他成员。有趣的是，当开始咀嚼木材的时候，白蚁可以根据木材发出的颤动来决定吃哪一根。白蚁更喜欢吃小块的木材（如家具）而非整个大树。当咀嚼的时候木材纤维会发出噼啪的响声，并将这种刺激信号传遍全身，用以显示木材的类型和大小。

它们就像微型的牛，用具有多复室的胃来分解纤维素。它们的肠道里含有 200 多种微生物，由于它们的存在，喜欢啃咬木材的白蚁把大量木质纤维素食物吞下肚后就能消化，并且转化为能量。但是，这类微生物在消化分解纤维素的过程中，必然会产生出一种副产品——甲烷，也就是平常人们所说的沼气。

进入 20 世纪 80 年代后，全球气候逐渐变暖，不少地区出现了奇特的暖冬现象，这对人类社会带来了一系列的不良后果。什么原因使全球气温升高呢？原来，除了人类活动而不断增加大气中二氧化碳的含量，以及厄尔尼诺现象等因素外，昆虫家族中的白蚁居然也与此有关。甲烷在较低的大气层里，经过反应后能够形成二氧化碳，而大气中的二氧化碳增加，会导致地球中的热量不易散发，形成“温室效应”现象。

白蚁产生甲烷虽然已有几百万年的历史，但是它们产生甲烷的量是近年来才加剧的。如果将所有的2600种白蚁放到一起，它们将会占地球总生物量的10%。它们消化高纤维食物的过程中估计每年向大气释放1.5亿吨甲烷，这是个不小的数字，占了全球沼气排放总量的11%，仅次于像牛和绵羊那样的反刍动物，对地球温度的升高必定会有重要的影响。

许多白蚁与真菌有密切联系，其中有的是共生，有的是寄生或为病原体，也有属于腐生性质的，此等菌类有的供作白蚁的营养，有的能分解白蚁居住的纤维素、木质素和其他尚不了解的作用。白蚁与真菌间关系最引人注目的是共生现象。在一些种类的白蚁中，工蚁可以将它们的粪便放在一个蜂窝状的小室中，从而培养出真菌以保证给白蚁提供丰富的蛋白质，甚至是在干燥的季节里。

白蚁巢是所有动物建造的巢穴中结构最为复杂的。尤其是在广袤的非洲草原上，常常能看到一座座耸立着的雄伟壮观的“城堡”。这些由几十吨泥土堆积起来的土堡，一般的有3～4米高，最高的竟有6～7米高，远远望去，在平坦开阔的草原上十分显眼。

在每个白蚁“城堡”里面，许多用途不同的小“房间”由四通八达的通道连接。位于土堡深处的是白蚁的“王宫”，身躯巨大的蚁后就住在里面。它像一部巨大的产卵机器，每天至少要产30000枚卵。负责保卫城堡的是勇敢好战的兵蚁，它们因武器不同分为两类，一种长有一对像大刀一样的大牙，一

白蚁擅建“城堡”

种长有可以注射毒液的刺锥。一旦有敌情，它们便会蜂拥而上，宁可战死也决不后退。工蚁个个都是杰出的“建筑家”，它们从地下挖出泥土，然后用唾液或粪便将泥土胶结起来，一口一口地吐出来堆积成高大结实的“城堡”。为了使“城堡”保持一定的温度和湿度，它们还在土堡中修筑起像烟囱一样的通风道，始终使土堡内的温度保持在29℃左右，其功能就如同一个空调系统的输送管，可以将白蚁和它们的真菌花园所产生的热气和二氧化碳排放出去，代之以新鲜的氧气。当干旱季节来临的时候，它们又会将洞打到深深的地下，吸足了地下水后返回到土堡里，将水喷洒在墙壁上，这样做既可以降温，又可以增加土堡内的湿度。

白蚁以善蛀著称

白蚁危害范围很广，几乎对各种各样的物品都能造成直接或间接的破坏。白蚁危害严重时，受灾农村房屋，几乎十室九蛀。江河堤防，也由于白蚁侵袭，常常溃决成灾，使大量生命财产毁于旦夕，造成的危害比洪水和火灾加起来还要大，现在全球每年由白蚁造成的损失超过了50亿美元。因此，世界各国对白蚁灾害极度重视，在防治和研究方面做了大量工作。由于白蚁会产生一种易挥发性物质萘，利用这种物质来抵御它的天敌。于是，科学家发明了利用这种物质挥发出的气体探测白蚁的系统，从房屋墙壁的空气里取样并对其构成进行分析，从而确定房屋是否受到白蚁侵害。

蚁　后

蚁后，是有受精和生殖能力的雌性，或称母蚁，在群体中体型最大，为工蚁的3~4倍，特别是腹部大，生殖器官发达，触角短，胸足小，有翅、脱翅或无翅。主要职责是产卵、繁殖后代和统管这个群体大家庭。

蚁后寿命可长达20年。但一只离群的蚂蚁只能活几天。

白蚁蚁后寿命也很长，一般能活15—30年，有的甚至能活50年。

竹节虫——伪装高手

竹节虫是昆虫中身体最为修长的种类，成虫体长一般为10厘米左右，最长可达50厘米。竹节虫的名字十分形象，它的身子呈直杆状，三对细长的足紧紧地贴在身体的两侧，上面还有像竹节似的分节，当它停柄在竹枝上的时候，看上去就像是一小节竹枝。不同种类的竹节虫体色各异，多为绿色或暗棕色，并且带有黄色的斑点，与竹枝、竹叶的颜色十分相近，更加使其真假难辨。

短肛竹节虫

竹节虫的头不大，前端有一对丝状触角，口器为咀嚼式，身体和腿部细如竹节，前翅变为革质，很短，称为覆翅；后翅为膜质，层叠于覆翅之下，飞翔时展开。部分种类的翅已完全退化，但后肢发达，善于跳跃。

科学家发现，某些种类的昆虫在进化过程中，飞行的能力失去后又会重新获得。这一现象表明，达尔文的进化论本身也许需要进化了。从前，科学家一直认为进化过程是不可以逆转的，因此像翅等一类复杂的身体结构不可能失而复得。但是竹节虫的情况可能证明事实正好相反。科学家在分析35种竹节虫的DNA后发现，在数百万年的进化历史中，某些竹节虫的翅多次失而复得，这种反复的进化现象至少出现了4次。

科学家是在为竹节虫描绘族谱的时候意外地获得了这一惊人发现。他们

竹节虫善于跳跃

猜测，失去了翅和飞行能力的竹节虫能够更好地适应环境，这使它们看上去更像枯树枝，因而更容易与它们生活的环境融为一体，保护它们躲过天敌锐利的目光。在5000多万年后，由于某些原因，部分竹节虫则恢复了翅和飞行能力，同样也是因为这样更加有利于生存。

科学家们一度认为特征失去后无法恢复，是因为需要创造这些特征的基因已经改变了。通过对竹节虫的研究，科学家认为，创造翅和腿的基因指令也许是相联系的，可能在数百万年的时间内按需开关。他们还怀疑，这种进化现象可能在其他物种身上也发生过，其中包括蟑螂等昆虫，也许还有昆虫王国之外的更高级物种。

竹节虫不但外观上长得像竹枝，而且在生态习性方面也能将其模拟得惟妙惟肖。它生性反应迟钝，白天静静地趴在树枝上，长时间地一动不动，只将胸足伸展开，时不时地微微抖动，看上去就像是在微风中抖动的竹叶枝条一样。

竹节虫可随环境变换体色

变色并不是变色龙的专利，竹节虫的体色也可以随着环境而改变。它体内的色素可以因光线、温度、湿度不同而发生变化，由绿色、棕色变为其他颜色。当温度与湿度下降时，它的体色变暗；温度较高，空气干燥时，竹节虫则变为灰白色。竹节虫有了这样能和周围环境融为一体的伪装服和如此高超的伪装术，像鸟类这样的天敌是很难找到它的。到了夜间，竹节虫才慢慢地爬出来活动取食。竹节虫虽然栖息在竹林里，但

竹节虫是善于伪装的昆虫

是它却不喜欢吃竹叶、竹枝，而是在夜间离开竹枝，爬到周围的蔷薇科植物上去吃一些叶子，天亮以前再返回到竹枝上。竹节虫的食量也不大，只要稍微吃点东西就够了。这样，它也不会因为吃得太多，使肚皮胀大，而影响模仿竹枝的效果。

在竹节虫的胸腹部有两个特殊的腺体，当遇到敌害时就可以释放出毒液。在竹节虫的足尖部位也长有又硬又尖的尖刺儿，因而使得很多动物对它敬而远之。除了这些，装死也是竹节虫的本领之一，在遇到突发情况或受到惊吓时，它们立即坠落在草丛中，以假死来逃避灾难。依靠这些巧妙的护身法宝，使得竹节虫可以巧妙地躲过敌害的追击，得以繁衍生息。

有趣的是，即使在婚配的时候竹节虫也不会忘记伪装。它们不像其他昆虫那样，雄竹节虫爬上雌竹节虫的体背上交配，而是雌雄尾部相接，头部向着相反的方向，两虫连成一条直线，看上去仍然像是一根竹枝。

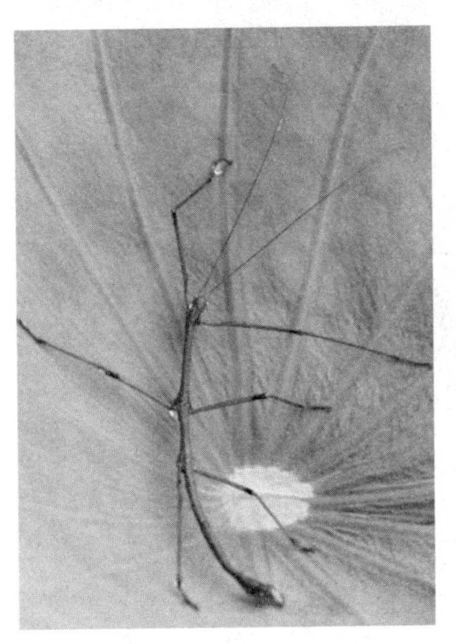
竹节虫的食量不大

竹节虫是不完全变态昆虫，幼虫经过蛹期阶段，几次蜕皮后变成成虫。成虫的寿命为30多天，于8月下旬产卵后死亡。竹节虫为两性生殖，雌竹节虫一生可产400~700粒卵，卵呈长圆形，卵外包被有坚硬的鞘囊保护，其孵化期较长，约为两年。

竹节虫是属于竹节虫目的昆虫，种类繁多，分布广泛，全世界已知有2500多种，我国已知有100余种，特别在南方山区的树林及竹林中比较常见。因为繁殖能力强，数量很多，而且因终生以植物为食，所以竹节虫是著名的森林害虫，尤其到了繁殖季节会毁掉大批树木，所以人们把它叫做“森林魔鬼”。

伪装技术

伪装技术，就是进行隐真示假，为欺骗或迷惑对方所采取的各种隐蔽措施；是军队战斗保障的一项重要内容．伪装的基本原理是减小目标与背景在可见光、红外、微波等电磁波波段的散射或辐射特性上的差别，以隐蔽真实目标或降低目标的可探测性特征，模拟或扩大目标与背景的这些差别，以构成假目标欺骗敌方。伪装技术的特点：综合化、机动化、规模化、智能化、快速化。

蜜蜂——最勤劳的昆虫

蜜蜂是过群体生活的社会性昆虫，每个群体内都有严密的组织和细致的分工，每个成员各尽其职、互相配合，共同维持群体的生活，因此被形象化地称为“蜜蜂王国”。通常在每一个蜂巢中，都是由一只蜂王、数百只雄蜂和数万只左右的工蜂所组成。

蜜　蜂

蜜蜂居住的蜂巢是由工蜂用蜡腺分泌的蜡片筑成的。它是由多片巢脾组成的，每一片巢脾的两面整齐地排列着六角形的巢房。据数学家测量计算，像蜂房那样的六角形柱状体是在同样条件下用料最少、容积最大的建筑结构，无怪乎人们把工蜂叫做“天才的建筑师”！不过，巢房并不是蜜蜂的“卧室”，而是它们哺育幼虫的“摇篮”和贮存蜂蜜、花粉的“仓库”。

蜜蜂与蜂巢

巢房分为工蜂房、雄蜂房和王台三类。工蜂房的数量最多，雄蜂房比工蜂房稍大，它们都是六角形的；王台像一粒花生，大多倒悬在巢脾下缘。蜂王在王台和工蜂房里产受精卵，在雄蜂房里产未受精卵。卵经过 3 天孵化出幼虫。

蜂王是一种由受精卵发育成的雌蜜蜂。它的身体颀长、大腹便便，在群体中很显眼。只有蜂王才能与雄蜂交配，而且除了交配和产卵之外就没有其他的工作了。在产卵盛期，一只蜂王一昼夜可以产 2000 多粒卵，这些卵的总重量相当于它的体重，可见它的生殖机能是多么的旺盛。

蜜蜂是群居社会性昆虫

雄蜂是由未受精卵发育而成的，体型粗壮。它惟一的职能是与蜂王交配，交配后即死亡。雄蜂平时也是游手好闲，什么活都不干，整天吃饱了不是闲呆就是游逛，食量还特别大。因此，当繁殖季节一过，蜜源不足，食物短缺的时候，工蜂就把这些“好吃懒做”的家伙赶出蜂巢，使其冻饿而死。在蜂巢中的数百只雄蜂中，每次只有飞得最快的那只才有机会同蜂王交配，其他的就只好等待下次机会。因此，虽然每只雄蜂在与蜂王交配之后就会立刻死亡，它们仍然争先恐后地抢夺这个“一夜风流”的机会，以便留下自己的后代。

工蜂是最勤劳的

工蜂在群体中要算最勤劳的了。虽然它们也是雌性，但生殖器官发育不全，不会生育，寿命也比蜂王短得多。在群体中，工蜂的数量占绝对优势，负责清洁蜂巢、哺育幼蜂、分泌蜂王乳、构筑蜂巢、守卫和采蜜等各项工作。它们没有与雄蜂交配的机会，所产的卵为没有受精的卵。经孵化后都成为雄蜂。而蜂王与雄蜂交配后，其卵与雄蜂的精子结合成为受精卵，由受精卵所孵化的幼虫都是雌性的。这些雌性幼虫如果一直被喂以蜂王乳，就会发育成蜂王；如果前三天喂以蜂王乳，以后喂以蜂蜜的话，以后就变成工蜂。

工蜂的劳动有细致的分工。工蜂的寿命只有 5 个星期左右。在这 5 个星期中，它们每时每刻都在辛勤地工作。在它们出世的后的第 1 天至第 3 天，就当上了“清洁工”，负责把蜂巢里面打扫得干干净净。第 4 天和第 5 天则成为“保姆”，负责用花粉与花蜜喂养幼虫。从第 6 天到第 12 天，它们又改当“佣人”，负责分泌蜂王乳来伺候蜂王。第 13 天到第 17 天，它们充当“建筑工”的角色，负责分泌蜂蜡建造蜂巢，另外还要把花蜜加浓及把花粉捣碎，以便酿造蜂蜜。第 18 天到第 20 天，它们又成为“卫士”，负责保卫蜂巢的安全。从第 21 天到第 35 天，是它们生命的最后一段时间，也是工作最为繁重的日子，除了做各种工作外，还要出外采蜜。工蜂之所以能从事这些劳动，是因为它们身上有一些特化的“工具”器官。它的消化道的“前胃”已变成一个富有弹性的“袋”——蜜囊，可以用来盛放花蜜；两后腿上有一对运载花粉团的“花粉篮”；尾部的产卵器则变成了自卫的武器——螫针。

工蜂采集花蜜的工作极为繁重，在通常情况下，1 只工蜂 1 天要外出采蜜

40多次，每次采100朵花左右，但采到的花蜜只能酿0.5克蜂蜜。如果要酿1000克蜂蜜，而蜂房和蜜源的距离为1.5千米的话，几乎要飞行12万千米的路程，差不多等于绕地球飞行3圈。

蜜蜂是怎么知道哪里有花蜜的呢？在一般情况下，野外的工蜂总是在一定的范围内采蜜，而且主要是从一种植物的花上采蜜。由于采蜜经验的不同，它们的采蜜速度和采蜜方法存在着明显的个体差异。不过，工蜂具有较强的学习能力，它们可以学会把食物和特定的信号，如花朵的颜色和特定的形状等联系起来，形成条件反射。工蜂的学习速度也是很快的，而且学习速度同信号本身有着密切的关系。

蜜蜂采集花蜜

虽然工蜂个体的采蜜行为常常趋于特化，但作为一个群体却能够对资源的变化做出迅速的反应，它可以调动它的大部分成员到一种报偿最高的植物花上去采蜜，这样既能有效地利用集中的食物资源，也能有效地利用分散的食物资源，极大地提高了采蜜的效率。群体对资源变化的敏感性和对报偿较高的植物的特化，主要是依靠它们极为发达的侦察活动和通讯能力。

通常在一个群体中，每天大约有1000只新的工蜂准备承担采蜜任务，它们中的大多数都首先留在蜂箱内值“内勤”，只有少数作为“侦察员”四处寻找蜜源。当侦察蜂在外面找到了蜜源，它就吸上一点花蜜和花粉，很快地飞回来。回到群体后，它就不停地跳起舞蹈来。这种舞蹈是蜜蜂用来表示蜜源的远近和方向的。蜜蜂舞蹈一般有圆形舞和“8”字舞两种。如果找到的蜜源离开蜂巢不太远，就在巢脾上表演圆形舞；如果蜜源离得比较远，就表演“8”字舞。在跳舞时如果头向着上面，那么蜜源就是在对着太阳的方向，要是头向着下面，蜜源就是在背着太阳的方向。

这种“蜜蜂的舞蹈”成为它们特有的语言，更为有趣的是，在世界上不同地区生活的蜜蜂表达这种信息的舞姿却都不相同。

蜜蜂舞蹈是其特有语言

在蜂箱里的蜜蜂，得到了侦察蜂带来的好消息，有的就很快地飞出箱外，按着它所指引的方向飞去。这些外出的蜜蜂吃饱花蜜飞回来以后，也同样地向同伴们跳起舞来，动员大家都去采蜜。这样一传十、十传百，越来越多的蜜蜂都奔向蜜源，进行大量的采集工作。

春夏季节是鲜花盛开的时期，蜜源最为丰富。这时候，工蜂开始频繁地外出采蜜。它们停在花朵中央，伸出精巧如管子的“舌头”，“舌尖”还有一个蜜匙，当“舌头”一伸一缩时，花冠底部的甜汁就顺着“舌头”流到蜜胃中去。工蜂们吸完一朵再吸一朵，直到把蜜胃装满，肚子鼓起发亮为止。

蜜蜂是最辛勤的昆虫

采集花蜜如此辛苦，把花蜜酿成蜂蜜也不轻松。所有的工蜂先把采来的花朵甜汁吐到一个空的蜂房中，到了晚上，再把甜汁吸到自己的蜜胃里进行调制，然后再吐出来，再吞进去，如此轮番吞吞吐吐，要进行 100 ~ 240 次，最后才酿成香甜的蜂蜜。

为了使蜜汁尽快风干，千百只工蜂还要不停地扇翅，然后把吹干的蜂蜜藏进仓库，封上蜡盖贮存起来，留作冬天食用。

工蜂除了调制“细粮”蜂蜜外，还会把采蜜带回来的花粉收集起来，掺上一点花蜜，加上一点水，搓出一个个花粉球，做成蜜蜂们平时吃的“粗粮”。

工蜂饲喂幼虫是区别对待的，头三天，对所有的幼虫都喂蜂王乳，往后工蜂和雄蜂的幼虫就只能吃到由蜂蜜和花粉调制的“粗粮”，而王台里的蜂王幼虫却一直享受营养丰富的蜂王乳，从而使它能发育成蜂王。幼虫经过工蜂六昼夜的精心照料后开始化蛹，工蜂用蜡片将虫房封上盖。在蛹房里，蜂王蛹经过7天、工蜂蛹经过12天、雄蜂蛹经过15天的蜕变，最后羽化成成虫，破盖而出。

蜂王出房后必须与雄蜂交配才能履行它产卵的“天职”。蜂王的交配是在空中进行的，这叫做“婚飞”，在“婚飞”时，许多雄蜂竞相追逐一只蜂王。最后，最强健者追上了蜂王，并与之交配。在“婚飞”期间，一只蜂王可以同好几只雄蜂交配，直到它体内的贮精球装满了精液，足够终生产卵使用时为止。此后它一生都不再交配。

蜜蜂也会“分家”，每当巢内蜜蜂增加到一定数量，工蜂劳动力过剩，出现拥挤窝工现象的时候，工蜂就营造新王台，培育新蜂王。老蜂王逐步缩小腹部，停止产卵。当新蜂王即将出房的时候，老蜂王就带领一部分喝饱了蜜的青壮工蜂飞离老巢，选择新居，重新安家立业。旧巢内，新蜂王一出房就竭力搜寻破坏其他未出房的王台，把“王位”的潜在争夺者扼杀在“摇篮”里；或是找同时出房的新王进行“决斗”，以争夺“王位”，最后，由胜利者承袭“王位”。蜜蜂就是用这样的方式进行“分家”，从而繁殖群体的，这种“分家”的方式俗称“自然分蜂”。在自然情况下，蜜蜂一年可进行2~3次分蜂。

采集花蜜是蜜蜂一生的工作

蜜蜂是属于膜翅目、蜜蜂科的昆虫，全世界已知大约有30000种，我国已知大约有1000种。蜜蜂酿制蜂蜜，不仅为自己准备好了口粮，还为植物传播花粉起到了巨大作用。在为果树和农作物传粉的昆虫中，蜜蜂是绝对的主力军。例如一只蜜蜂一次飞行，能给瓜类带来48000粒花粉，而一只蚂蚁只能带330粒。通过蜜蜂的传粉，果树和农作物的产量能得到大幅度的增加。

工　蜂

工蜂，是一种缺乏生殖能力的雌性蜜蜂，在蜂群的雌性蜜蜂中，仅有蜂后拥有生殖能力。但有研究发现一些工蜂通过繁殖来延长自己的生命欺骗蜂王。多数的雌蜂在幼虫时期，仅有最初几天可食用蜂王浆，之后改喂食一般的蜂蜜，因而无法完成生殖能力的发育，最后便会成为工蜂；若能持续食用蜂王浆，最后将成为蜂后。在同一蜂巢中的工蜂，因年龄的不同，可以分为三个生理上不同的工蜂群——保育蜂、筑巢蜂和采蜜蜂。工蜂蜇人后，其蜇针连同肠脏留在人体皮肤中，故其很快就会死亡。工蜂的寿命自5~8周到6~7个月。

姬蜂——美丽的杀手

姬蜂的身体大多是黄褐色，体型较为瘦削，腰细如柳，头前有一对细长的触角，尾后拖着三条宛如彩带的长丝，再加上两对透明的翅，前翅上还有两个像眼睛一样的小黑点，飞起来摇摇曳曳，十分漂亮，有时甚至有飘然欲仙的意境，因此得名“姬蜂”，有小巧玲珑，温柔美丽的意思。不过，尾后的长带只有雌姬蜂才有，那是一条产卵器和产卵器的鞘形成的三条长丝，在有些种类中这些长丝甚至超过自己的身长，这在昆虫中是极为少见的。

姬蜂是属于膜翅目、姬蜂科的昆虫，全世界已知大约有15000种，我国已知大约有1250种。它们都是靠寄生在其他昆虫的身体上生活的，而且是这些寄主的致命死敌。它们的寄生本领十分高强，即使在厚厚的树皮底下躲藏的昆虫也难逃其手。姬蜂的幼虫时期都是在其他昆虫的幼虫或蜘蛛等的体内生活的，以吸取这些寄主体内的营养来满足自己生长发育的需要，最后寄主因被掏空了身体而一命呜呼。所幸的是，姬蜂中的大多数种类都是寄生在农、林害虫的身体里，因此可以利用姬蜂来消灭这些害虫。

姬　蜂

姬蜂为了能让自己的下一代在寄主体内寄生，施展了各种各样的本领。例如，柄卵姬蜂所产的卵上都有各种不同式样的柄，这种柄起着固定卵的作用。如果有 1 粒卵产在蛾子或蝴蝶的幼虫的身体上，这粒卵就能靠柄深深地插入幼虫体内，甚至在幼虫蜕皮时也不会掉下来，等到姬蜂的幼虫孵化出来时，便以这个蛾子或蝴蝶的幼虫为食。这种特殊的构造，使姬蜂寄生的效率大为提高。

沟姬蜂的本领更大。它们不但善飞，而且还会在水中潜泳。当它们在水中找到了可以寄生的水生昆虫的幼虫，便将卵产在它们身上。为了后代能在水中呼吸，姬蜂还拖出一条里面有空气且能在水中飘动的细丝，从而给后代准备了一个“氧气管”。

趋背姬蜂的幼虫必须寄生在大树蜂幼虫的身体上才能生长发育。趋背姬蜂的嗅觉不错，可以根据大树蜂排到松树外面的粪便的气味和一种生长在大树蜂身上的菌类的味道，顺藤摸瓜地寻找到它的肥胖的幼虫。不过，要把卵产在大树蜂幼虫的身体上，趋背姬蜂还要费一番工夫，因为这需要它把自己那条 4～5 厘米长的产卵器穿过木材后才能伸到寄主的身体上。因此，趋背姬蜂首先在树干外把末端有

姬蜂的本领很大

趋背姬蜂的嗅觉很好

锉状纹的产卵器对准目标，然后用柔软的腹部不断扭转产卵器，使产卵器钻入树干内，再将一粒粒卵通过细长的产卵器产到寄主的身上。由于卵的直径大于产卵器直径，所以在细管中运行时，卵被拉成了长条形，到达目的地后才恢复原状。

姬蜂的寄生大致上可以分为两种形式：一种是在寄主的身体外面寄生，另一种是钻到寄主的身体里面寄生。通常，在一个寄主的身上只能有一种姬蜂寄生，如果有两种姬蜂同时寄生时，就会引起一番激战。因此，许多种类的姬蜂都有一种探测本领，当它们在寄主的身体上准备产卵之前，能够判断出这个寄主是否已被别的姬蜂占领，如果发现已经有了先来者，它就会马上转移，去另找新的寄主。在进行害虫防治方面，这种具有判别能力的姬蜂有着更为广泛的利用价值。

有趣的是，有一种善于投机取巧的姬蜂，自己没有钻树的本领，却专门寻找趋背姬蜂钻好洞产完卵后的孔道，找到后再把自己同样长但却要细一些的产卵器插入树干，在那个已被趋背姬蜂寄生过的大树蜂幼虫的身体上再产下自己的卵。这种姬蜂的幼虫孵出后，由于拥有强大的口器，所以能首先将孵

姬蜂具有探测本领

化出来的趋背姬蜂的幼虫咬死，再独自享用大树蜂幼虫的身体。

姬蜂寄生本领高强

一般来说，姬蜂作为一个在寄主体内生活的寄生者，其身体通常要比寄主的身体小一些，而且它们孵化的时间也要比寄主的短一些。姬蜂幼虫的发育常常受到寄主发育的影响，当寄主停止发育进入滞育期时，姬蜂幼虫也随之进入滞育期。据研究，姬蜂这种与寄主发育相一致的现象是由寄主内分泌的影响造成的。由于姬蜂幼虫的皮肤很薄，当寄主进入滞育期时，其体内所产生的影响滞育的内分泌物质也同样渗入姬蜂幼虫的体内，从而引起姬蜂幼虫的滞育。这也是姬蜂在长期营寄生生活的过程中形成的一种适应现象。

姬　蜂

姬蜂种类多，数量大，寿命长，寄生本领高强，尤其是以害虫为寄主的种类很多，因而使它们成为了不少害虫的天敌。不过，它们也有一些缺点，就是它们寄生范围太广，有时也会寄生在一些有益的昆虫或蜘蛛的身上，甚至一种姬蜂还会寄生在另一种姬蜂的身上。这一点在人工利用的过程中需要多加注意。所幸的是，有这种缺点的姬蜂在庞大的姬蜂家族中为数并不算多。

产卵器

产卵器，昆虫的外生殖器，是昆虫生殖系统的体外部分，是用以交配、授精和产卵的器官统称，主要由腹部生殖节上的附肢特化而成。雌性的外生殖器称为产卵器；雄性的外生殖器称为交配器。

产卵器一般为管状构造，通常由3对产卵瓣组成，着生在第八腹节上的产卵瓣称第一产卵瓣或腹产卵瓣（腹瓣），它基部的生殖突基片称为第一负瓣片；着生在第九腹节上的产卵瓣称第二产卵瓣，或内产卵瓣（内瓣），它基部的生殖突基片称为第二负瓣片；在第二载瓣片上常有向后伸出的1对瓣状外生物，称第三产卵瓣或背产卵瓣（背瓣）。

摔跤能手——蟋蟀

蟋 蟀

蟋蟀的俗名叫“蛐蛐儿”，是我们身边很熟悉的小动物，常生活在野草地、农田、瓦砾堆、篱笆根或墙缝中。蟋蟀优美动听的歌声并不是出自它的好嗓子，而是它的翅膀，它是靠振动翅膀发出声音的。

蟋蟀没有耳朵，但在它的前腿上长着耳状体。这个耳状体其实是像小鼓一样的皮肤膜，这层皮肤膜能感受到震动，可以当特殊的“耳朵”使用。

当蟋蟀的腿部受了伤，让敌人捉住时，它就切断那只腿逃跑，这种行为称为“自绝”。虽然切断的腿不能再长出来，但是在危险面前，还是保命要紧。

雌蟋蟀身体末端有一个长而扁平的排卵器，它通常把卵产在土中或植物上，孵化后的幼虫叫做若虫或跳虫。跳虫很像小型的成虫，但是没有翅膀。它们不断地进食后会蜕皮，经过6次蜕皮，就变成真正的蟋蟀了。

当你在夜间清晰地听到蟋蟀高唱时，便预示着明天是个好天气，你大可放心准备上路出远门。

在新西兰有一种蟋蟀叫维塔，是世界上最大的蟋蟀。它的身体比苍蝇大100~150倍，体重达七八十克，是一般蝗虫的50倍。这种昆虫在近2亿年的时间里几乎没有一点进化，它的形体特点一直保持到现在，是新西兰最早的生命体。

蚜虫的克星——瓢虫

瓢虫是世界上最受人们喜爱的小甲虫之一。它们的身体圆圆的，甲壳的颜色非常漂亮，有些是黑色带有黄色或红色斑纹的，有些是黄色或红色带有黑色斑纹的，也有些是黄色、红色没有斑纹的。

瓢　虫

我们常常用“七十二变”来形容孙悟空的变化多端。对于瓢虫来说，“七十二变”算不了什么。瓢虫中变化最多的是眼斑灰瓢虫，有将近200种变化，这常常使人误以为瓢虫有很多种。

瓢虫甲壳颜色非常漂亮

瓢虫比其他昆虫精明得多，它甚至在变成蛹的时候也留着个心眼。当蚂蚁碰到蛹时，蛹会忽然竖起来，这种举动会把蚂蚁吓得魂不附体，立即跑得无影无踪。

七星瓢虫是我们最常见的瓢虫，

瓢虫是非常精明的昆虫

它的甲壳就像半个红色的小皮球，上面长着7个黑色的斑点。七星瓢虫个头不大，却是捕食蚜虫的好手，一只七星瓢虫一天可吃掉上百只蚜虫。

瓢虫的幼虫脚底下会分泌出一种黏黏的液体，它的尾部有一个吸力强大的吸盘，这样的生理结构可以帮助幼虫在光滑的树干或树叶上活动自如，而不会滑落。

瓢虫的脚关节处能分泌出一种很臭的黄色液体，使它能有效地摆脱敌人的追捕。

辛劳一生的——蚕

你听过这样的诗句吗：“春蚕到死丝方尽”。蚕的幼虫可以吐丝，蚕丝是优良的纺织纤维，是绸缎的原料。蚕原产于中国，我国至少在3000年前就开始人工养蚕了，小小的蚕为人类做出了巨大贡献。

蚕

桑蚕又称家蚕，是以桑叶为食料的吐丝结茧的经济型蚕类，主要分布在温带、亚热带和热带地区。如今，人工饲养的蚕类大都是桑蚕。

蚕的一生要经历蚕卵、蚁蚕、蚕宝宝、蚕茧、蚕蛾等阶段，共40多天的时间。刚从卵中孵化出来的蚕宝宝黑黑的像蚂蚁，我们称为“蚁蚕”。蚕宝宝以桑叶为食，不断吃桑叶后身体变成白色，经过4次蜕皮就开始吐丝结茧，在茧中进行最后一次脱皮，就变成蛹。再过大约10天，蛹羽化成为蚕蛾。

蚕蛾的形状像蝴蝶，全身披着白色鳞毛，但由于两对翅膀较小，不能飞

行。雌蛾比雄蛾个体要大一些，雄蛾与雌蛾交尾后，3～4小时后就会死去，雌蛾一个晚上约产500个卵，产卵后也会慢慢地死去。

蚕吐丝结茧时，头不停摆动，将丝织成一个个排列整齐的“8”字形丝圈。家蚕每结一个茧，需要变换250～500次位置，编织出6万多个“8”字形的丝圈，每个丝圈平均0.92厘米长，一个茧的丝长可达700～1500米。

蛹

蛹，在完全变态的昆虫（如苍蝇、桑蚕）中，从幼虫过渡到成虫时的虫体形态叫蛹。处于蛹发育阶段时，虫体不吃不动，但体内却在发生变化：原来幼虫的一些组织和器官被破坏，新的成虫的组织器官逐渐形成。一些害虫处于蛹发育阶段时，是消灭它们的最好时期。蛹是全变态类昆虫由幼虫转变为成虫的过程中所必须经过的一个静止虫态。不全变态类昆虫从卵孵出来的个体——同型幼虫（若虫），已是发育的较晚期，它和成虫非常相似。而全变态昆虫的幼虫——异型幼虫，则是在发育较早期孵化的，它的成虫差别很大。

长金子的害虫——金龟子

金龟子是人们熟知的甲虫，种类有很多。每种金龟子都有一身坚硬的外衣——鞘翅。鞘翅的色彩千变万化，耀眼夺目，在阳光下它们总是闪着明亮的光泽。金龟子是一种害虫，专吃植物的嫩茎、叶，给庄稼造成很大的损害。

金龟子

1934年，一位捷克科学家采集大量的金龟子，并把它们烧成灰。结果从1千克的金龟子中，居然得出了25毫克的金子。

金龟子是粪便的热衷者

在南美洲生活着一种金龟子，它们有一大怪癖——将哺乳动物的粪便奉为至宝。如果地上有一堆粪便，首先到达的一定是雄金龟子，它们利用粪便来吸引伴侣。谁的粪球越大，谁的机会就越多。

铜绿丽金龟、棕色鳃金龟、黑绒鳃金龟都是害虫，主要啃食各种植物的叶片。因为它们是夜行性动物，大多数都有趋光性，可以用黑光灯来诱杀。而且金龟子一般都有似外性，也可以振落捕杀。

兜虫属于金龟子家族的成员，它是全世界体型最大的甲虫之一。兜虫头上的角长达 8 厘米，几乎相当于它的体长。

金龟子从来不会迷失方向

大头金龟子是按照天空偏振光“导航”的。有时，它为了吃植物的嫩茎绿叶，会沿着曲折的路径蜿蜒前进，但是回家时却总是走捷径。有人做过一个试验：把金龟子放在一块板上，无论板如何倾斜，只要能看到天空和太阳，它们就能顺利地回家，从来也不会迷失方向。

椿象——放屁虫

椿象的俗名叫“臭大姐”、“放屁虫”。它体态扁平，长着非常漂亮的甲壳。如果你用手碰触到这种昆虫，手就会沾满臭气，很长时间都不会散去。臭气正是椿象的武器，在遇到敌害时，它就是利用奇臭无比的气味把敌人吓跑的。

椿象有一种特殊的本领，在其安全受到威胁时，会发出“噼啪”一声响，从尾部喷出一股“青烟”，散发出难闻的气味，令敌人闻风丧胆。椿象的“化学武器”来自它发达的臭腺，小椿象的臭腺开口在后背，长大后臭腺的开口又会转移到侧面。负子椿是少数几种生活在水里的椿象之一，为了延续后代，它们甚至可以付出生命的代价。在产卵期，雌负子椿将卵产于雄负子椿的背上，大约产 100 粒卵之后就会“筋疲力竭”地死去。雄负子椿就背着这些卵到处游动，幼虫孵出来不久，雄负子椿的生命也就结束了。

椿　象

椿象的种类繁多，其中多数是农业的害虫。但是，农田里常见的食虫椿象是人类的好朋友，它们能够捕食田里许多对农作物有害的小虫子。

别看椿象长相不佳，却个个是慈爱的父母，是少数有护幼行为的昆虫之一。为了安全地将幼虫从卵中孵化出来，雄椿象会像母鸡孵蛋一样，将卵抱在腹下，直至小椿象出生。

形成天灾的蝗虫

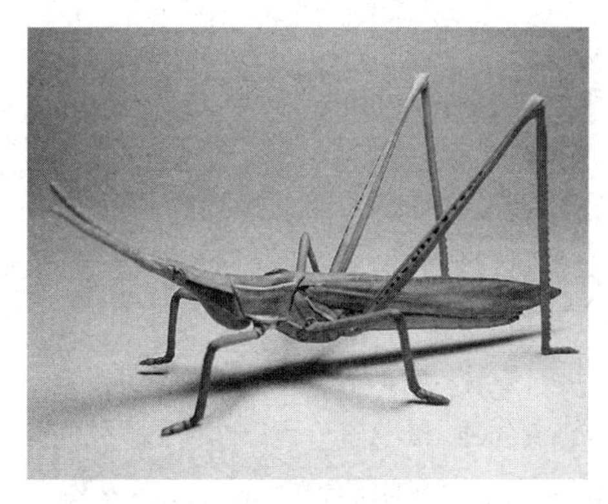

蝗　虫

蝗虫的体色多为绿色或褐色，它们有着坚硬的口器，后足强劲，适于跳跃。蝗虫对庄稼的危害非常严重，人们把它与洪水、旱灾看成是对人类造成最大损失的灾难。一个大的蝗虫群每天可以吃 160000 吨食物，多惊人的数字啊！

有一种蝗虫可以根据不同的环境改变身体的颜色。而有些蝗虫因栖息地不同，会产生黑色、褐色、绿色的体色，这些体色可以帮助它们巧妙地隐藏在周围的环境中。

沙漠蝗所到之处，各种绿色植被无一幸免。通常，一只沙漠蝗每天要吃掉相当于自身重量2倍的食物。

在东北，有人亲眼见到一群蝗虫排成高30米、宽1500米的阵势前行，那场面可以用遮天蔽日来形容。经过9个小时蝗虫才散开，场面既震撼又恐怖。

春去秋来，农民们辛辛苦苦地把一片荒地变成丰收的庄稼，此时，如果一群蝗虫铺天盖地地飞来，转眼之间，庄稼就会被席卷一空，农民们一年的辛苦就白费了，蝗虫真是害人不浅。

雌蝗虫有短的产卵管，它们用产卵器挖土产卵。雌蝗虫的每一个卵囊都能孵化出上百个幼虫。2周左右的时间过后，米粒大小的幼虫便孵化而出，幼虫再经过4~5次的蜕皮就能变为成虫。

天　敌

天敌，自然界中某种动物专门捕食或危害另一种动物，前者即为后者的天敌。或自然界中专门捕捉或危害另一种生物的生物，这种生物称为另一种生物的天敌。

不倦的歌手——蝉

每到夏天，我们都可以听到蝉为我们展示它那嘹亮的歌喉。蝉的俗名叫“知了”，其实是一种害虫，它针状的口器可以刺入树皮吸取汁液，严重危害树木的健康。

蝉是声名狼藉的“歌手”。在夏日炎热的午后，它们为找寻配偶而大声鸣叫，音调之高，常常令人难以忍受。一些叫声很大的蝉，声音甚至可以超过120分贝。

蝉不同于其他的鸣虫，它有趋光性，喜欢向光明的地方飞去。当夜幕降临时，只需在树干下烧堆火，同时敲击树干，蝉便会立即扑向火光。这时候，就可以很容易地捉到它了。

蝉

蝉的一生中大部分时间都在漆黑的地下度过，幼虫在土中要生活6～7年。与幼虫相比，成虫的生命非常短暂，仅持续几个星期。雌虫在树干及树枝上产卵后，就掉在地上摔死了。卵在第二年孵化成无翅的若虫，若干年后，若虫慢慢蜕去外壳，变成一只长有羽翅的成虫。

雄蝉和雌蝉都有听觉，一对大的镜面似的薄膜就是它的耳膜，耳膜由一条短筋连接着听觉器官。当一只雄蝉大声鸣叫时，它会将耳膜折叠起来，以免被自己的声音震聋。

昆虫相对于地球上的其他生物而言，寿命算是比较短的。不过，蝉的幼虫最多能活17年，也算是昆虫里的长寿者了。除了它，再没有哪种昆虫可以活这么长时间。

自由飞行家——蜻蜓

蜻　蜓

蜻蜓是我们非常熟悉的昆虫，夏季的傍晚，它们常常在水塘附近飞舞。蜻蜓的飞行速度十分惊人，它每秒能飞5～10米，高速冲刺时能达每秒几十米，可以连续飞行1小时不休息。

蜻蜓的复眼系统由3万多只小眼组成，每个小眼都是六边形的，它们像一个个凸透镜，起着聚光的作用。

蜻蜓的身体像一架灵活的小飞

蜻蜓可算得上是飞行冠军

机，它有两对平展透明的翅膀，就像飞机的机翼，这种体型特别适合飞行。蜻蜓不仅飞得快、飞得高，而且能飞出许多高难度的动作，比如翻圈飞、倒着飞，还可以停在空中。

蜻蜓不仅是昆虫中的飞行冠军，还是吃虫“专家”。它每天大约要捕食1000只像蚊子、苍蝇、蝴蝶这样的小虫，当蜻蜓发现小虫时，便猛冲过去，6只脚对准目标，同时合拢。小虫就被牢牢地装进“笼子”，成为蜻蜓的美餐。

蜻蜓经常在池塘上方盘旋，或沿小溪往返飞行，在飞行中将卵撒落在水中。蜻蜓有时贴近水面飞行，把尾部插入水中，产下一些卵，又立即飞起来。这样连续产卵的动作，就是平时我们所说的“蜻蜓点水”。

蜻蜓还是吃虫“专家”

蜜蜂或蝴蝶在拍打翅膀时，两对翅膀会同时扇动。但蜻蜓却可以独立地控制它的翅膀，当它的前翅向下拍时，它的后翅还可以向上扇。

两栖杀手——龙虱

龙虱是既能在空中飞翔，又能在水中遨游的昆虫。它的体长一般为3～4厘米，最大的可达5.5厘米。身体为椭圆形而较平扁，主要为黑色，鞘侧缘为黄色，有光泽，有的种类具有条纹或点刻。它长有细长的触角，复眼位于头的后方，口器坚硬而有力。前足的前三节平扁，顶端靠里长有两个短柄的大吸盘和许多长柄的小吸盘，具有吸附作用，用于在交配时吸着在雌龙虱的背上，是雄龙虱捉抱雌龙虱时的得力“工具”，称为抱握足。后足发达，侧扁如桨，上面长着许多有弹性的刚毛。在划水

龙　虱

时，刚毛时缩时松，有利于快速游泳。

龙虱的远祖是陆地甲虫

龙虱的远祖是生活在陆地上的甲虫，所以它们还保留着祖先的一些特点，能在陆地上进行呼吸。因此，虽然大部分时间都在水中生活。但它有时也会离开水体，用翅在空中飞翔。

龙虱喜欢生活在水草丰盛的池沼、河沟和山涧等处，它们常常游到水面，将头朝下停在水里，把腹部尖端露出水面，不久便又潜进水下去了。它们也有放臭气的习性，遇到危急时，就从尾部放出黄色的液体或臭气。

龙虱长有两排贯通全身的气管，开口位于腹部上面，叫做气门。在它的鞘翅和腹部之间贮存着空气，可以通过气管供给体内。气门口上生有很多刚毛，它像一个“过滤器”，可以让空气通过，滤去杂质。

龙虱是在水陆都可生存的昆虫

龙虱通过把用过的空气从气管中排出，再把新鲜的空气吸入气管，从而在水中不停地上浮下沉。

龙虱的气囊是它潜水的资本

此外，在龙虱坚硬的鞘翅下，还有一个专门用来贮存空气的贮气囊，在龙虱的腹部形成一个像氧气袋似的大气泡。比人类制造的氧气瓶更奇妙的是，这个气囊不但能贮存空气，还能够生产出氧气供龙虱使用。原来，当龙虱刚潜入水中的时候，气囊中的氧气大约占21%，氮气占79%，而这时，水中溶解的氧却占33%，氮占64%，还有3%是二氧化碳。随着龙虱在水中不断地消耗氧气，气囊内和水中的气体含量更加不平衡，于是，多余的氮气就会从气囊中扩散出来，而周围水中的氧气却乘虚而入，进入气囊。由于氧气向气囊内渗入的速度比氮气扩散的速度快3倍，水中的氧气就能源源不断地补充进来，供龙虱呼吸。一直到气囊内的氮气扩散得差不多，不能再渗入氧气的时候，龙虱才会浮出水面，重新将鞘翅下的空间贮满新鲜的空气，然后再次潜入水下遨游。

龙虱是贪吃的昆虫

龙虱十分贪吃，不仅吃小虾、蝌蚪、小虫，连比它大好几倍的青蛙、小鱼，它也要发动攻击。当一只龙虱将小鱼或青蛙咬伤以后，其他伙伴一闻到血腥味，便蜂拥而至，分享“盛宴”。

龙虱是属于鞘翅目、龙虱科的昆虫，全世界已知有4000余种，我国已知有230余种。它是完全变态的昆虫，1～2年完成1代。雌龙虱在水生植物枝、

龙虱能分泌出具有消化能力的液体

叶上产卵。孵化出来的幼虫身体细长，头上长着巨大的颚，像两把镰刀，还长有6～9节的短触角、须和两小簇单眼，上颚尖锐、弯曲，内有孔道，能吸食动物汁液。当用颚扎住猎物后，龙虱的幼虫就吐出一种特殊的有毒液体，经由管道进入猎物体内，使其麻痹。接着，它又吐出一种具有消化能力的液体，以同样方法进入猎物体内来溶解并消化猎物。然后，幼虫的咽喉便像泵一样竖着，把消化后的营养物质吸进体内。这是一种特殊的消化方式，叫做体外消化。

龙虱的幼虫也很贪吃，一昼夜能吃掉50多只蝌蚪，甚至幼虫们在一起也会互相残杀，斗得你死我活。它有3对胸足，能在水中用足划水，同时摆动腹部，游得很快。

幼虫经过1个多月的发育成长、蜕皮，就离开水域，到岸边掘洞躲藏。它脱去原来的褐色“外套”，变成白色的蛹。这时候，它就不吃不喝了。再经过10多天，它们就变为成虫了。

触　角

触角，昆虫重要的感觉器官，主司嗅觉和触觉作用，有的还有听觉作用，可以帮助昆虫进行通讯联络、寻觅异性、寻找食物和选择产卵场所等活动。

通常昆虫总是在左右上下停地摆动触角，好像两根天线或雷达时刻在接受电波和追踪目标。因为触角上有许多感觉器和嗅觉器，与触角窝内的许多感觉神经末梢相连，又直接与中枢神经联网，非常灵敏，既能感触物体、感觉气流，又能嗅到各种气味，甚至是远距离散发出来的。

当受到外界刺激后，中枢神经便可支配昆虫进行各种活动。如二化螟的触角，可凭借水稻的气味刺激寻找到它的食物水稻，菜粉蝶的触角可根据接受到的芥子油气味很快发现它的食物十字花科植物。嗅觉最灵敏的是印第安月亮蛾，能从11千米以外的地方察觉到配偶的性外激素。有些姬蜂的触角可凭借害虫体上散发出的微弱红外线，准确无误地搜寻到躲在作物或树木茎秆中的寄主。

对于某些昆虫，触角还有其他作用。例如水生的仰蝽在仰泳时，将触角展开有平衡身体的作用；水龟虫用触角帮助呼吸；萤蚊的幼虫用触角捕捉猎物；芫菁的雄虫在交配时用触角来抱握雌虫的身体；云斑鳃金龟的雄虫用触角发声，像蟋蟀一样，用于招引雌虫。

建筑工人——石蛾

石蛾因外形很像蛾类而得名，但它并不属于蛾类，因为它的翅面具毛，与蛾类的翅大不相同。

石蛾的体型为小型至中型。口器为咀嚼式，极退化，仅下颚须和下唇须显著。头小，能自由活动；复眼大而远离；单眼3个，为毛所覆盖。触角颇长，几乎等于体长，丝状，多节，某部若干环节较大。前胸小，中、后胸相同。翅2对，膜质，（有的雌石蛾无翅），前翅略长于后翅，有时远长于体长。脉相原始型，纵脉多，横脉少，后翅常有1个折叠的臀区，休息时，翅于体背折叠呈屋脊状，翅面被有粗细不等的毛或鳞。其足细长，适于奔走，基节甚长，胫节有中距及端距，跗节5节，爪一对，有爪间突，或一对爪垫。腹部10节，第五节有时特化，形成体侧囊，或细长突起。

石　蛾

石蛾是属于毛翅目的昆虫，全世界已知大约有10000种，我国已知大约有850种。石蛾常见于溪水边，主要在黄昏和晚间活动，白天隐藏于植物中，不取食固体食物，只吸食花蜜或水。石蛾成虫一般只能活几天时间，所以它们都在迫不及待地寻找配偶。

石蛾的变态类型为完全变态，一生经过卵、幼虫、蛹、成虫4个阶段。雌石蛾每次产卵可达300~1000粒。卵产于水中，借助于胶质附在水中岩石、根干、水生植物上，或悬于水面上的枝条上。幼虫在水中出生，在水中长大。

石蛾只吸食花蜜或水

有趣的是，石蛾成虫并没有它的幼虫有名。它的幼虫叫做石蚕，有“建筑专家”的美誉。石蚕的体型为是蠋型或衣鱼型，体长仅有10~15毫米，直径约2毫米。头、胸部骨化，色深，胸足发达，但腹足缺如，仅腹末有1对臀足，其上具强臀钩。石蚕的习性比较活泼，多为植食性，以藻类、水生微生物或水生高等植物为食，也有肉食性的，捕食小型甲壳类以及蚋、蚊等小型昆虫的幼虫，也有因季节不同而改变食性的，但石蚕本身又是淡水鱼类的饵料。

在河湖或池塘的水底，有一些用沙子或植物的碎枝条、碎叶子做成的小套子。这些套子随着季节的变化而变换颜色。秋冬是深暗色，春夏是鲜绿色。这些奇妙的小套子，就是石蚕为自己建造起来的“房子”，在这个既是栖身之地，也是伪装避敌之所里，石蚕过着舒适安全的日子。

石蚕的结巢习性高度发达，从管状到卷曲的蜗牛状巢，形态各异。许多类型的材料，如小石头、沙粒、叶片、枝条、松针，以及蜗牛壳等都可用来筑巢。有的在水面筑简单的巢；有的利用小枝、碎叶、细沙等各种材料，吐丝筑成精巧的小匣，作为可移动的或固定的居室；有的吐丝做成袋状或漏斗状的浮巢，固定一端，悬浮于流水中，取食经过水流的食物。其中可移动巢可以保护其纤薄的体壁。

石蛾有“建筑专家”的美誉

在流速较缓的溪水里，石蚕出世后做的第一件事是赶紧为自己做一件管状的小外套，然后才顾得上吃东西。石蚕能用任何东西做这件外套，但通常用的材料都是取自身边的碎石、枯叶等。如果材料太大，它就用颚将其咬碎，用足举起这些材料端详着，必要时把它旋转个方向，然后小心地粘到自己的身体周围。用什么粘呢？原来它的下唇末端有一块不大的唇舌，舌上有一个能吐丝的腺体，从腺体的孔中分泌出一种遇水速固的黏液，就像胶水一样，有很强的黏性。它还用这种胶水涂在套子的内壁上，形成一层光滑的衬里，就像人们用涂料、壁纸装潢室内墙壁一样。这样，一间舒适的外套就做好了。然后，它把自己柔软的身体包裹在这个手工制作的壳里。这个“外套”具有很好的保护作用，它如同一个能拖着走的活动房子一样，可以让石蚕在水中自在地“闲逛”，不再畏惧其他捕食者的威胁了。一旦遇到敌人它就把头缩进套子里，就像蜗牛缩进壳里一样来躲避可怕的食肉动物。随着幼虫不断长大以及爬行造成的磨损，其外套要不断地加大和修缮，不过这种活动对天天长大的幼虫早已驾轻就熟了。从此，石蚕的吃喝拉撒睡都在这个“安乐窝”里，直到它长大变为成虫，离开水面到陆地上生活时为止。

更为有趣的是，石蚕还会根据季节变换外套的颜色。夏天它用绿色材料粘套子。秋天，它用黄褐色材料粘一件褐色外套。因此，小外套不仅是它的衣服、活动房屋，还是它的伪装衣，常常能骗过那些饥饿的捕食者。

到了冬天，幼虫全身缩进套子里，并把套子两头的孔封死，它就在里边冬眠和化蛹。石蛾的蛹为强颚离蛹，水生，靠幼虫鳃或皮肤呼吸。化蛹前，幼虫结一茧。筑巢者封巢做茧；自由生活和筑网的幼虫用丝、沙、石子等结卵圆形茧，附着于石头或其他支持物上。蛹具强大上颚，成熟后借此破茧而出，然后游到水面，爬上树干或石头，羽化为成虫。

通常一个完整的石蛾生活史循环需要 1 年，但少数种类 1 年 2 代或 2 年 1

代，石蛾一生中大多数时间是在幼虫期度过的，卵期很短，蛹期需2～3周，成虫生活约1个月。

石蛾幼虫（石蚕）

石蚕生活于湖泊、河流以及小溪中，偏爱较冷的无污染水域，生态学忍耐性相对较窄，对水质污染反应灵敏，是显示水流污染程度较好的指示昆虫，也是环保专家研究环境和检测水质好坏的好助手。

同时，它又是许多鱼类的主要食物来源，在淡水生态系统的食物网中占据重要位置。

发光的萤火虫

萤火虫

萤火虫又名夜光、景天、熠熠、夜照、流萤、宵烛、耀夜等，这些名字的意思都是说它会发光。实际上，它是一种小型甲虫，其尾部的最后两节具有发光器，在白天呈灰白色，在黑夜中能发出荧光，因此得名萤火虫。

自古以来关于萤火虫就有很多有趣的故事。例如，相传我国晋朝时候有

个青年叫车胤，他酷爱学习，但由于家贫，买不起蜡烛，晚上不能读书。于是他就捉了很多萤火虫，包在薄薄的布袋里，借着萤火虫的光刻苦学习，后来成为一位有大学问的人。

萤火虫在白天不发光

萤火虫体长为0.8厘米左右，身形扁平细长，头较小，体壁和鞘翅较柔软，头部被较大的前胸盖板盖住。雄萤火虫的触角较长，有11节，呈扁平丝状或锯齿状。雄萤火虫大多有翅。雌萤火虫的体型比雄萤火虫大，但没有翅，不能飞翔，发出的荧光却比雄萤火虫更亮。

萤火虫是属于鞘翅目、萤科的昆虫，全世界已知大约有2000种，我国大约有54种，在全国各地皆有分布，尤以南部和东南沿海各省居多。它们喜欢栖息在温暖、潮湿、多水的杂草丛、沟河边及芦苇地带，以软体动物如蜗牛、钉螺等的肉为食。

人们在夏天夜里所看见的闪闪流萤，主要是雄萤火虫为寻找配偶而发出的光亮。萤火虫发出的光有的黄绿，有的橙红，亮度也各不相同。萤火虫就是靠改变“灯光”的颜色和时间间隔来传递不同的信息的。雄萤火虫在夜空中一边飞舞，一边每隔5.8秒发出短暂的淡绿色的荧光。藏匿在草丛中的雌萤火虫在发现雄萤火虫的信号后，就

萤火虫是通过“灯语”传达信息

会以 2.1 秒的间隔发出闪光作为回应。这时，雄萤火虫就知道在那里已经有一位“佳人”在等待着它了。它们之间经过几次通过“灯语”所传达的信息之后，雄萤火虫便循着雌萤火虫所发出的光，飞过来与其交配。

萤火虫的发光器由发光层、反射层和透明表皮三部分组成。光是通过透明的表皮发出，表皮下面是一些能发光的细胞，发光细胞的下面是另一些能反射光线的细胞，可以看到其中充满着小颗粒，称为线粒体。线粒体能把身体里所吸收的养分氧化，合成某种含有能量的物质。发光细胞里含有很多线粒体，说明它们能制造比较多的含有能量的物质。发光细胞还含有两种特别的成分：一种叫做荧光素，一种叫做荧光酶。荧光素和含能量的物质结合，在有氧气时，受荧光酶的催化作用，使化学能转化为光能，于是就产生了光亮。萤火虫常常一闪一闪地发光，是因为它能控制对发光细胞的氧气供应的缘故。萤火虫发光的颜色不同，则是由于它们所含的荧光素和荧光酶各不相同。

萤火虫发出的光是冷光

萤火虫为科学家提供启示

萤火虫发出的光是冷光，它不产生热。人们通过萤火虫的发光原理发明了荧光灯——即日光灯，它比同样功率的普通灯泡亮得多。后来人们又发明了矿灯，用在矿井里。因为矿井里充满着瓦斯，遇热就会发生爆炸，而这种矿灯不发热，所以非常安全。荧光灯不仅省电，也不会产生磁场，所以在军事上又用它做水下照明，去清除磁性水雷。科学家们还用萤火素和萤火素酶制成生物探测器，把它发射到其他星球表面去探测那里的外星生命。

萤火虫的荧光还有联络伙伴、发出警报的作用。当萤火虫遇到危险的时候，它一面迅速飞逃，一面发出急促的橙红色的闪光，向其他同伴发出报警的信号。于是，其他萤火虫就会迅速地将“灯光”熄灭，隐匿于草丛之中。刚刚还是流萤点点、好似繁星满天的夜空，一瞬间就变得漆黑一片。直到危险过去，萤火虫才又重新飞到空中，亮起一盏盏明灯。

雌雄萤火虫交配后，都会同时将光减弱，隐匿在草丛中。不久，雌萤火虫便在潮湿的腐草、朽木或泥土上产卵，1 次可产数百粒。萤火虫属完全变态昆虫，它的卵、幼虫和蛹也都能发光。

萤火虫的卵初产下时为软壳卵，数天后逐渐硬化，经 3 周后孵化出幼虫。幼虫体色灰褐，两端尖细，上下扁平，形如米粒，白天藏在水中的石块下或泥沙中，夜晚出来觅食。萤火虫的幼虫期时间较长，一般为 1 年左右，有的可超过 2 年。待到化蛹时，幼虫爬到岸边，用泥沙做成茧室进行化蛹，经 2 周左右即羽化成成虫。

萤火虫是一种有益的昆虫

萤火虫的幼虫虽然身体很小，但对付蜗牛这种“庞然大物”有一套神奇的“法宝”。当它发现蜗牛后，便假装与其亲近，同时将毒液注射进蜗牛的体内，过不了一会儿，蜗牛就被麻醉，全身瘫软。这时，萤火虫的幼虫又接着给蜗牛注射一种消化液，将蜗牛的肉溶解，化成了鲜美的肉汁。然后，它再呼唤同伴过来，兴高采烈地围在蜗牛四周，一齐把针管般的嘴插进肉汁里，津津有味地吸起来。

由于蜗牛糟蹋庄稼，偷吃蔬菜，是农作物的害虫。因此，以蜗牛为食的萤火虫是一种有益的昆虫。

清洁工——蜣螂

每年夏秋季节，在田野和道路旁，常常能看到一对对油黑肥胖的甲虫，在滚动着一团灰黑色的小球，这就是人们常说的“屎壳郎推粪球”。

蜣　螂

屎壳郎也叫推粪虫，真正的名字叫蜣螂，是属于鞘翅目、蜣螂科的昆虫。它的种类很多，全世界已知大约有20000种。它们的体型大小相差悬殊，最大的像一个乒乓球，而小的只有纽扣般大小。

蜣螂的头前面非常宽，上面还长着一排坚硬的角，排列成半圆形，很像一把种田用的圆形钉耙，可以用来挖掘和切割，收集它所中意的粪土。它们用头上这把“钉耙”将潮湿的粪土堆积在一起，压在身体下面，推送到后腿之间，用细长而略弯的后腿将粪土压在身体下面来回地搓滚，再经过慢慢的旋转，就成了枣子那么大的圆球。然后，它们就把圆圆的粪球推着滚动起来，并粘上一层又一层的土，有时地面上的土太干粘不上去，它们还会自己在上面排一些粪便。

蜣螂在推粪球时，往往是一雄一雌，一个在前，一个在后。前面的一个用后足抓紧粪球、前足行走，后面的用前足抓紧粪球、后足行走，碰上障碍物推不动时，后面的就把头俯下来，用力向前顶。因此，这个圆球往

蜣螂又叫推粪虫

往是一对蜣螂合作的成果。粪球越滚越大，甚至比它们的身体还要大。这时，一对蜣螂仍然不避陡坡险沟，前拉后推，大有不达目的、誓不罢休的气势。

蜣螂以粪便为食，是大自然的清道夫。它们凭借敏锐的嗅觉，能够从很远的地方闻到动物或家畜刚排出的粪便的气味，于是立即迅速飞来，品尝佳肴。但是，粪便是动物消化吸收后排出的残渣，营养成分很低，蜣螂为了要维持营养和体能，必须大量吞食粪便。它们往往从早晨到晚上，一直不停地进食，而且边吃边拉，拉出来的黑色线状的粪便就有 2～3 米长。因此，蜣螂一旦发现粪源就如获至宝，急忙搬运，而快速搬运的方法，当然就是滚动了。

有的蜣螂为了争夺粪球，还要进行争斗，它们互相扯扭着，腿与腿相绞，关节与关节相缠，发出类似金属相锉的声音。胜利者爬到粪球上，继续滚动前行，失败者被驱逐后，只有走到一边，重新寻找属于自己的“小弹丸”。也有时候，它们并不甘心失败，还会耐着性子，准备用更狡猾的手段伺机偷盗到一个粪球。

蜣螂体态

但事实上，这个圆球只不过是蜣螂的食物储藏室而已。屎壳郎推粪球是为它们的儿女贮备食料。雌雄成虫把粪球推到事先挖好的地下贮藏室内放好，不仅以此为储备粮，而且每当雌蜣螂分娩时，便在每个粪球上方的中心产下一枚卵，这个粪球就是即将出世的幼虫所需的全部口粮，其能量足够它化蛹后直至变为成虫为止。

蜣螂把粪球推到一个合适的地方后，就用头上的角和3对足，将粪球下面的土挖松，使粪球逐渐下沉，再将松土从粪球四周翻上来。这样大约不停地忙碌2天时间，直到粪球下沉到土中。然后，蜣螂环绕着粪球做成一道圆环，施以压力，直至把圆环压成沟槽，做成一个颈状。这样，球的一端就做出了一个凸起。在凸起的中央，再加压力，就成了一个好似火山口的凹穴，边缘很厚；凹穴渐深，边缘也就渐薄，最后形成一个包袋。包袋内部磨光以后，雌蜣螂就在粪球上产卵。这时，蜣螂才算把一场繁忙的传宗接代的工作完成，然后从松土中爬山来，再逐层将土压紧，直至与地面齐平。

卵产在里面7~10天后孵化出白色透明的幼虫。幼虫毫不迟延，立刻就开始吃四围的墙壁上的粪便，而且总是从比较厚的地方吃起，以免弄破墙壁，使自己从里面掉出来。不久，它们就变得肥胖起来，背部隆起，形态臃肿。它们经过蛹变为成虫大约需要3个月，所需的营养全部来自这个粪球。

蜣螂对农业的作用是松土

蜣螂对粪便所具有的旺盛的食欲，是与其消化功能分不开的。它们消化粪便靠的是一种消化酶，这种消化酶能将粪球转化为它们身体所需的蛋白质，从而将粪便变废为宝。科学家认为，如果能够将蜣螂体内的消化酶通过基因工程生产出来，直接用于牛羊等牲畜的粪便的处理上，使它们的粪便在这种消化酶的作用下直接转变为蛋白质，那么牧场上的粪堆就无需由蜣螂来清理了，甚至还可以产生一种新的生物资源。

埋葬虫——锤甲

埋葬虫又叫锤甲虫，由于它们以死亡甚至腐烂的动物尸体为食，可以把它们转化成在生态系统中更容易进行循环的物质，因此很像是自然界里的清道夫，起着净化自然环境的作用。

埋葬虫

埋葬虫是属于鞘翅目、埋葬虫科的昆虫，全世界已知有 175 种，我国大约有 50 种。它们的体长一般为 1～2 厘米，最大的可达 3.5 厘米。它们的外表大多数呈黑色，也有呈五光六色的，如明亮的橙色、黄色、红色等，有的在鞘翅上还有花纹。它们的身体扁平而柔软，适合于在动物的尸体下面爬行。

埋葬虫常于夜间在树丛间飞来飞去。它的嗅觉特别灵敏。尤其对于鸟兽的尸体很感兴趣。无论是蛇、蜥蜴、鸟或是各种昆虫，即使在几小时前才刚刚死去，它们也能从很远的地方嗅到尸体的气味。通常都是雄埋葬虫首先发现动物尸体，然后立即飞过来，将其占为己有，再等候它的配偶到来。如果有其他雄埋葬虫过来，就会发生一场激烈的战斗，战败者被毫不客气地驱逐。最后，由最强大的一对埋葬虫共同合作来处理这份战利品。

它们飞到尸体身旁，先是用触须探查尸体，再用后腿踢一踢，仿佛想了解一下这只动物尸体有多重，需要多少时间和力气才能把它埋起来。接下来，它们开始挖起土来。它们对于松土挖洞特别内行，只见它们在动物的死尸下面爬来爬去，每次都用头部从死尸下面掘出一块土来，不久这具尸体就越陷越深，被埋葬虫连推带拽地埋进了坑里。这个埋葬动物尸体的土坑一般有 6～

埋葬虫又叫锤甲虫

10 厘米深，而大型埋葬虫挖的坑的深度可达 1.5 米。

如果它们找到的动物死尸是在硬地或石头上，就齐心合力把死尸搬运到较松软的土地上。倘若沿途有青草挡着道，埋葬虫就把草从根部咬断。

埋葬虫为一个动物尸体挖掘一个墓穴通常要花费 3 ~ 10 个小时，才能将动物尸体埋好。然后，它们还要从尸体的四面把土运走，留出自己活动的空间，再从主墓穴挖掘出一条侧道和一些小室。

埋葬虫为什么要这样千方百计地埋葬鸟、鼠等动物的尸体呢？原来，这是埋葬虫繁殖后代的一种方式。雌埋葬虫在埋下的动物尸体附近产卵，不久，孵化出来的幼虫就可无忧无虑地吃着它们的父母早给它们准备好的食物，迅速成长起来。

大多数雄性动物很少提供对自己后代的抚育，不过这样的常规在昆虫中有很多例外，其中就包括埋葬虫。在大多数情况下，雄埋葬虫总是跟雌埋葬虫一起照料它们的后代。

雄埋葬虫首先与雌埋葬虫合作，在一个动物的尸体内钻来钻去，用尸肉建造一个个“育儿球”。这个育儿球被它们用分泌物处理过之后就不再散发气味，这有助于防止被其他以腐肉为食的动物发现和争夺。然后，雌埋葬虫就在育儿球附近产下几十粒卵。

在幼虫出世前几小时，埋葬虫的双亲差不多每隔半小时便急切地爬到旁边有卵的通道里去，把一切土块、石子都清除掉，为自己即将孵化的幼虫清理道路。

大约 5 天后，幼虫就孵化出来了。刚出世的埋葬虫幼虫在头 2～3 天靠其父母提供的褐色营养液生活。它们聚集在主墓室，不停地转动头部要吃的。每隔 10～30 分钟，它们的双亲就来到它们面前，向每只幼虫的嘴里喂几滴从口里吐出来的营养液。不久以后，幼虫就能够自己吃那个由双亲为它们准备好的美味——育儿球了。

双斑埋葬虫

幼虫的身体发育得很快，出生 7 小时后体重就能增加 1 倍，7～12 天后幼虫趴在墓室壁上化蛹。再过 2 个星期，羽化后的成虫就破壁而出了。

为什么雄埋葬虫不去寻找其他雌埋葬虫交配，却选择了与雌埋葬虫一起为其后代提供亲代抚育呢？原来，这样做的好处是能大大提高其后代的存活机会，并且这种好处会超过因失去新的交配机会所付出的代价。

科学家认为，它们之所以这样做，是因为对埋葬虫幼虫构成的威胁可能主要是来自它们的同类，而不是来自其他物种。它们种内的入侵者很可能有杀婴行为，目的是把育儿球抢夺过来供自己的后代使用。研究表明，当育儿球被其他埋葬虫抢走几天之后，育儿球中的幼虫反而变小了，这表明原来的幼虫已被清除掉了，现在的幼虫是新主人的后代，后来的雄埋葬虫则利用现成的育儿球喂养自己的后代。

虽然，单一的雌埋葬虫在一定程度上也能抵抗其他埋葬虫对育儿球的抢夺和杀婴行为，但如果能与一只雄埋葬虫联手共同对付入侵者就会取得更大的成功，这无论是在获得一个小型动物尸体还是获得一个大型尸体的情况下都是如此。因此，种内杀婴的风险似乎是促使雄埋葬虫亲代抚育行为进化的一个关键因素。

戕害树木的——天牛

天牛因其力大如牛，善于在天空中飞翔，因而得名；又因其中胸背板上有特殊的发音器，与前胸背板摩擦时，会发出“咔嚓、咔嚓”之声，其声很像是锯树之声，故又被称作“锯树郎”。此外，我国南方有些地区称之为“水牯牛”，北方有些地区称之为“春牛儿”。

麻竖毛天牛

天牛因种类不同，体型的大小差别极大，最大者体长可达11厘米，而小者体长仅0.4～0.5厘米。天牛以色彩美丽著称，身体上大多具有金属的光泽，但也有一些种类呈棕褐色，或以花斑排列，和树干的颜色相像，从而具有隐匿色或保护色的作用。

多带天牛

天牛的躯体修长，体节、翅鞘均呈革质。天牛最明显的特征是其触角极长，具有触觉作用，一般长度都在10厘米左右，比自己的身体还要长，有的种类几乎达到体长的5倍。它还有一双很大的复眼，竟然包住了触角。其口器十分发达，强而有力，可以有效地咬啮植物。在胸部两边长有尖尖的刺，能够防卫和保护自己。它还有3对很长的足，能攀缘树干。

雌雄天牛的体型大小、触角长度、行动的灵活性、活动能力及飞翔能力都有所不同。一般雄天牛体型较小，触角长而美观，行动灵活，飞翔能力较强且能持久。而雌天牛体型较大，腹大身宽，触角短，行动笨拙迟钝，飞翔能力也远不如雄天牛。

天牛是属于鞘翅目、天牛科的昆虫，种类很多，全世界已知有25000种，我国有2200种。天牛活动的时间在不同种类之间也有所不同，有的在白天日光下活动；有的则在夜晚或阴天活动，或整晚都在活动。一般常见于林区、园林、果园等处，飞行时鞘翅张开不动，由内翅扇动，发出“嘤嘤”之声。另外，天牛的幼虫还能利用身体的硬化部位——前胸背板和臀板摩擦或敲击树干里的“隧道”壁而发出声响，以便警告其他幼虫躲避敌害或前往相聚。

蝴蝶天牛

天牛喜欢啃食幼嫩枝梢的树皮为食，羽化大约半个月后就开始交配，一生可交配多次，一般都在晴天。经3～4天后，雌天牛在树干下部的主、侧枝上产卵。它将卵直接产入粗糙树皮、裂缝中或先在树干上咬成刻槽，

天牛以啃食嫩枝梢为食

然后将卵产在刻槽内，一生可产卵 20 ~ 35 粒以上。

天牛一般以幼虫在被害树木的木质中越冬，或以成虫在蛹室内越冬，即上一年秋冬之际羽化的成虫，留在蛹室内，到第二年春夏间才出来。成虫的寿命不长，一般为 10 天至 2 个月，但在蛹室内越冬的成虫可能达到 7 ~ 8 个月。雄天牛寿命一般比雌天牛短。

天牛多数为 1 年发生 1 代，也有 3 年 2 代或 2 年 1 代的，是危害杨、柳、榆、桑、槐、梧桐、苦楝等树木的重要害虫。

天牛的幼虫在树干里面蛀食木材，还定居在树干里挖“隧道”。它们在越冬后开始活动蛀食，多数幼虫在树中凿成长 4 厘米左右、宽 2 ~ 3 厘米的蛹室和直通表皮的圆形羽化孔，在气温升达 15℃ 以上时开始化蛹，其蛹期在各地长短不一，一般是 20 ~ 30 天，接着羽化成成虫。

天牛是森林害虫

天牛一直生活在树干里面发育长大，直到成虫时才钻出树干，进行交配和繁殖。因此，天牛除了被视为是森林、果园的害虫以外，它也是生产木制家具原材料的害虫。